Verhandeln und Überzeugen

Praxis der Personalpsychologie
Human Resource Management kompakt
Band 28

Verhandeln und Überzeugen
von Dr. Marco Behrmann

Herausgeber der Reihe:

Prof. Dr. Heinz Schuler, Dr. Rüdiger Hossiep,
Prof. Dr. Martin Kleinmann, Prof. Dr. Werner Sarges

Verhandeln und Überzeugen

von

Marco Behrmann

HOGREFE

GÖTTINGEN · BERN · WIEN · PARIS · OXFORD · PRAG
TORONTO · BOSTON · AMSTERDAM · KOPENHAGEN
STOCKHOLM · FLORENZ · HELSINKI

Dr. Marco Behrmann, geb. 1977. 1998–2010 Studium der Psychologie in Mannheim, Hohenheim und Portland, USA. 2010 Promotion an der Universität Hohenheim zum Thema Verhandlungskompetenz. 2004–2008 Projektleiter im Bereich Personaldiagnostik bei S & F Personalpsychologie Managementberatung GmbH, Stuttgart. Seit 2008 Berater, Trainer und Coach für Unternehmen, Führungskräfte und Verkäufer bei der Tübinger CEVEYCONSULTING GmbH und Core Faculty Member der ZfU International Business School, Zürich. Aktuelle Beratungsschwerpunkte als Senior Consultant in den Themen Verhandeln, Führen, Verkaufen, Kundenorientierung, Teamentwicklung und interkulturelle Kommunikation und Zusammenarbeit. Beratung von Firmen und Einzelpersonen im deutsch- und englischsprachigen Raum zu Prozessen und Inhalten wie Leistungsorientierung und Performance Management, Leadership Appraisal und Management Audit, Assessment Center und Eignungsdiagnostik, Personalauswahl, Personalentwicklung und Einzelcoaching.

Bibliografische Information der Deutschen Nationalbibliothek
Die Deutsche Nationalbibliothek verzeichnet diese Publikation in der Deutschen Nationalbibliografie; detaillierte bibliografische Daten sind im Internet über http://dnb.dnb.de abrufbar.

Für meine Eltern Gerda und Rudi

Göttingen • Bern • Wien • Paris • Oxford • Prag • Toronto • Boston
Amsterdam • Kopenhagen • Stockholm • Florenz • Helsinki
Merkelstraße 3, 37085 Göttingen

http://www.hogrefe.de
Aktuelle Informationen • Weitere Titel zum Thema • Ergänzende Materialien

Umschlagbild: © iceteaimages – Fotolia.com
Satz: ARThür Grafik-Design & Kunst, Weimar
Druck: AZ Druck und Datentechnik GmbH, Kempten
Printed in Germany
Auf säurefreiem Papier gedruckt

ISBN 978-3-8017-2477-1

Inhaltsverzeichnis

1 Verhandeln und Überzeugen – Begriffe und Bedeutung[1]

1.1 Einordnung des Themas

Verhandeln ist überall

Verhandeln und dabei überzeugend aufzutreten, ist eines der herausfordernden Themen im zwischenmenschlichen Miteinander. Verhandlungen stellen im Alltag ebenso wie im Berufsleben nicht wegzudenkende Elemente im Zusammentreffen von Menschen dar. Immer geht es darum, ein persönliches oder gemeinsames Ziel zu erreichen, Kooperation zu erzielen oder einen Konflikt zu lindern (Spieß, 2004) und dabei überzeugend aufzutreten oder sich bzw. seine Partei zu positionieren. Dabei verhandeln oder überzeugen wir oftmals beiläufig, manchmal aber auch sehr systematisch und bewusst. Dazu bedienen wir uns dann den Mitteln der Kommunikation (vgl. Lewicki, Saunders & Barry, 2006).

Verhandeln ist vielschichtig

Man kann sich Verhandlungssituationen im beruflichen Bereich leicht vorstellen. Beispielsweise verhandelt eine Führungskraft, um beim Delegieren eines Verantwortungsbereichs zu erreichen, dass der Mitarbeiter mit vollem Eifer ein Thema eigenverantwortlich und motiviert übernimmt. Oder ein Verkäufer will im Kontext der Neukundenakquise eines potenziellen Großkunden überzeugender als der Wettbewerber auftreten. Eine andere Verhandlung kann Spielräume zwischen Zusagen und Verpflichtungen in einem Kooperationsvertrag zwischen zwei mittelständischen Unternehmen betreffen. Für einen Projektleiter wiederum stellt beispielsweise die Präsentation eines Projekts bei wichtigen Interessengruppen eine heikle Projektphase dar, in der er bei kritischen Fragen der Teilnehmer überzeugend auftreten möchte. Aber auch die Reklamation eines Produktdefekts oder der Unzufriedenheit mit einer Leistung bei einem Servicemitarbeiter sind Situationen, in denen überzeugendes und vor allem kooperationsorientiertes Auftreten wichtig sind, um den Ruf des Produkts, des Herstellers, des Dienstleisters, der Verkaufsorganisation oder schlicht die Kundenbindung zu sichern. In Zusammenarbeit mit anderen ergeben sich im Austausch unterschiedlicher Meinungen schnell Missverständnisse. Auch das sind relevante Verhandlungssituationen, bei denen es darum geht, ein gemeinsames Verständnis des gemeinten Themas zu erlangen. Und schließlich treten innerhalb von Unternehmen häufig verhandlungsrelevante Zielkonflikte

Klassische Zielkonflikte

1 Ich danke Herrn Prof. Dr. Heinz Schuler, dem Betreuer meiner Doktorarbeit zum Thema Verhandeln, für die Verbundenheit und den Herausgebern der Reihe dafür, dass sie dieses Thema in der Reihe für mich reserviert haben. Besonderer Dank gebührt auch Herrn Dr. Bernhard Cevey für die Förderung und das Auslösen wertvoller Gedanken. Anerkennend erwähnen möchte ich, dass das Kollegenteam der CEVEYCONSULTING GmbH und CEVEYSYSTEMS GmbH durch den Austausch und die Arbeiten im Rahmen der Fallbeispiele in Kapitel 5 einen großen Anteil an deren Entstehung hat. Schließlich gilt mein Dank dem engagierten Team des Hogrefe Verlags für den Einsatz zur Umsetzung dieses Bandes.

zwischen Abteilungen oder Projekten auf – als typische Themen seien nur der Gegensatz Produktionskosten versus Qualitätsorientierung, Uneinigkeiten zwischen Marketing und Vertrieb oder Konflikte zwischen Personaleinsatz und Betriebsrat genannt. Auch innerhalb von Teams und im Konfliktmanagement ergeben sich immer wieder Konstellationen, in denen es gilt, Kenntnisse über Situation und Gegenüber für überzeugendes Auftreten und gewinnende Kommunikation einzusetzen.

Verhandeln ist komplex

Die Schwierigkeit bei einer systematischen Betrachtung des Phänomens Verhandeln und Überzeugen liegt gerade in der *Komplexität der Thematik*. Nicht selten bestimmen Rahmenbedingungen wie Vorgaben oder Ziele, die außerhalb der Person liegen, die Freiheitsgrade in eigenen Verhandlungen. Beispielsweise kann das Budget eines betrieblichen Einkäufers beschränkt sein, wenn er mit einem Lieferanten langfristige Lieferverträge zum gegenseitigen Nutzen vereinbart. In einem anderen Fall ist ein motivierter Personalverantwortlicher zur Loyalität und Unternehmensorientierung aufgefordert, wenn er einen Arbeitsvertrag mit einem neuen Mitarbeiter vereinbart, den er im gemeinsamen Sinne lang ans Unternehmen binden möchte. Neben Einschränkungen durch Rahmenbedingungen gibt es in anderen Situationen auch hoch strukturierte und systematisierte Verhandlungen wie beispielsweise internationale Gremientreffen oder politische Szenarien, die die Freiheitsgrade im Verhandeln deutlich begrenzen. Wenn Konzerne beispielsweise Einkaufsverhandlungen oder auch Verkaufsaktivitäten immer mehr systematisieren, so tun sie dies in der Regel, um Vorteile durch Effizienz, Transparenz oder Ergebniserfolg einzufahren.

Einschränkung durch Rahmenbedingungen

Prozessvorgaben

Natürlich unterscheiden sich verhandelnde Personen in ihren Kenntnissen und Fertigkeiten im Umgang mit Verhandlungstechniken wie auch in Fähigkeiten und sozialen Kompetenzen. Gerade der gezielte und bewusste Einsatz von Verhandlungstechniken verschafft an manchen Stellen einen Vorsprung im Überzeugungsgrad gegenüber dem anderen. Allerdings werden Techniken und Taktiken von unterschiedlich versierten Gesprächspartnern im Wechselspiel einer Verhandlung verschieden gut eingesetzt. Und dann wirken eine bestimmte Dosierung der Verhandlungstechnik und bisweilen auch die eigene Haltung im Umgang miteinander. Wollte der Verhandlungspartner beispielsweise manipulieren anstatt ein für beide Seiten faires Ergebnis zu erzielen? Die Art und Weise wie der Gesprächspartner die Haltung des Verhandlungspartners auffasst, und nicht zuletzt auch, wie sie tatsächlich ist, wird den Verhandlungsverlauf und die Ergebnisse im gemeinsamen Verhandeln maßgeblich mitbestimmen.

Gekonnter Einsatz von Verhandlungstechniken

Gewohnheiten verhindern Verbesserung

Einen großen Einfluss auf die Vorgehensweisen und das eigene Auftreten in Verhandlungen üben auch gegenseitige Erwartungen und Gewohnheiten der Beteiligten aus. Beispielsweise wird ein Außendienstmitarbeiter sich im eigenen Interesse gern auf seine bisherigen Erfahrungen verlassen oder bestimmte Rituale im Umgang mit seinen Kunden beibehalten und ebenso auf Neukunden anwenden. Dies umso mehr, je erfolgreicher er in der Vergangenheit mit diesen Verhaltensweisen war. Viele Verhandlungen und Überzeugungsgespräche folgen demnach eigener Intuition oder geschehen gar aufs Geratewohl. In den seltensten Fällen treffen Menschen nach Verhandlungen und schwierigen Gesprächen bestimmte Schlussfolgerungen für ein nächstes Mal, um ihr eigenes Auftreten zu optimieren. Mögliche Lerngewinne gehen so in der Regel verloren oder unterliegen dem Zufall und der eigenen Intuition. Hinzu kommt, dass der Wirkungsgrad oftmals auch von objektiv oder subjektiv wahrgenommener Macht, Abhängigkeit, ethischen Grundsätzen oder persönlichen Einstellungsmustern gegenüber der Person, der Rolle oder der zwischenmenschlichen Kommunikation an sich bestimmt ist. Es ist leicht nachvollziehbar, dass ein ängstlicher Bewerber im Verhandlungsgespräch andere Zielsetzungen gegenüber dem Personalchef nennt und weniger überzeugend auftreten wird als ein selbstbewusster, selbstsicherer Kandidat. Nicht zuletzt hat natürlich der persönliche Charakter Einfluss auf Verhalten und Wirkung in Zusammenarbeit und Gesprächen. All diese sichtbaren und weniger sichtbaren Einflussfaktoren definieren mit, wie wirkungsvoll eine Person in einer Verhandlung auftreten kann und wird.

Wahrnehmung und Gefühle als Einflussfaktor

Einfluss der Persönlichkeit

Was ist Verhandeln eigentlich genau? Wie kann man Verhandeln beschreiben und verstehen? Wie kann man Verhandeln steuern? Gibt es Möglichkeiten, Verhandeln oder Voraussetzungen und Folgen zu messen? Was kann getan werden, um die eigene Wirkung im Überzeugen und Verhandlungsergebnisse zu optimieren? Wie kann eine Organisation, eine Führungskraft, ein Vertriebsexperte, ein Verkäufer, ein Kundenbetreuer oder jeder einzelne den eigenen persönlichen Wirkungsgrad im Auftreten und Überzeugen sichern? Um diese Fragen zu beantworten, wird im Folgenden unter den relevanten und anwendbaren Themen eine Auswahl getroffen und jeweils in gebotener Knappheit der wissenschaftliche Hintergrund berichtet. Denn eine Vielzahl wissenschaftlicher Ergebnisse aus unterschiedlichen Disziplinen, oft im Labor gewonnen, geben Anregungen für bestimmte Verbesserungen, auch wenn das Feld wissenschaftlicher Forschung im Bereich von Verhandlungen ebenso komplex ist. Verhandeln ist eben alles andere als ein rein rationales Phänomen und wird deshalb auch nicht nur in einer Disziplin untersucht. Wenn die Umsetzung bestimmter Maßnahmen oder eine gezielte Veränderung von Verhaltensweisen den Überzeugungsgrad und die Verhandlungsergebnisse steigern können, ist es also sinnvoll, den Nutzen für Person und Organisation aufzuzeigen. Besonderes Augenmerk wird daher auf eine schnelle Anwendbarkeit auf allen Ebenen gelegt. Methoden sind demnach ebenso pragmatisch und alltagstauglich beschrieben und gleichzeitig in wirtschafts-, sozial- und neuropsychologischer Wirkweise verankert. Insgesamt werden die Abschnitte jeweils leicht erfassbar, übersichtlich und knapp dargestellt, um als Memorandum ebenso wie als Nachschlagewerk dienen zu können.

Es gibt Bestrebungen, ein Verhandlungsmanagement in Organisationen zu systematisieren (Tries & Reinhard, 2008; Voeth & Herbst, 2009). Daneben

Modelle zur Beschreibung

helfen Modelle und Strukturierungen, Verhandeln zu analysieren. Manche sind allerdings auch weniger brauchbar (Morley, 2006). Verhaltens- und Lernempfehlungen müssen grundsätzlicher Art sein, wenn sie in unterschiedlichen Kontexten und von unterschiedlichen Personen genutzt werden wollen. Gleichzeitig wird eine im Verhandlungskontext konstruktive Sprache verfolgt. Im breiten Spektrum der Verhandlungsliteratur reichen die Handreichungen von Titeln und Formulierungen wie Kriegsführung (z. B. Greene, 2006), Manipulationstechniken (z. B. Edmüller & Wilhelm, 2010), sozialer Einfluss (z. B. Cialdini, 2001), über Kunst des Verhandelns (Salewski, 2010), Grundzüge des Verhandelns (z. B. Erbacher, 2005) im Sinne kooperativen und zukunftsorientierten Auskommens, bis hin zu Titeln wie effizientes Verhandeln (z. B. Knapp & Novak, 2003) und vielen mehr. Es zeigt sich, dass das Feld des Verhandelns selbst oft nicht frei von Rahmenbedingungen ist und bestimmte Denkweisen und Vorgaben auch den Umgang mit dem Thema Verhandeln leiten. Solche Leitideen können in eine Beschreibung des Gegenstands eingehen, nicht zuletzt da Verhandeln also nicht frei von einer wissenschaftlichen Ideologie bleiben kann. Gleichzeitig ist die Thematik internationalen und interkulturellen Verhandelns im globalen Zeitalter sehr relevant. Bestimmte Aspekte im Verhandeln können als interkulturell universell angenommen werden, andere bedürfen sicherlich eines feinfühligen Umgangs und genauerer Prüfung. Dieser Band gibt für die allgemeinen Grundlagen in unterschiedlichen Bereichen der gemeinsamen Domäne von Verhandeln und Überzeugen eine Einführung. Daher ist es zielführend, zunächst eine Definition notwendiger Begriffe vorzunehmen.

Kooperative Leitidee

1.2 Definitionen

1.2.1 Verhandeln

So vielfältig wie die Forschungsrichtungen, die sich mit dem Thema Verhandeln beschäftigen, so variantenreich sind auch Definitionen dafür, was unter Verhandeln verstanden wird. Es ist nicht verwunderlich, dass die jeweilige Sichtweise der Forschungsrichtung das Verständnis von Verhandeln bestimmt (Carnevale & De Dreu, 2004). Gleichzeitig werden je nach Betrachtung unterschiedliche Aspekte fokussiert. Beispielsweise beschäftigen sich Spieltheoretiker und Mathematiker mit Themen sozialen Austauschs und mathematischer Vorhersage von Entscheidungen und Verhandlungsergebnissen. Daran anknüpfend vertritt die Perspektive der Betriebswirtschaftslehre ebenfalls einen Optimierungsansatz von Verhandlungsergebnissen im ökonomischen Sinne – meist unter Berücksichtigung des Verhandlungsverlaufs oder zeitlicher Bedingungen. Juristen und Völkerforscher betrachten unterschiedliche Gerechtigkeitsaspekte. Sozialpsychologen und Soziologen konzentrieren sich auf menschliche Selbstwahrnehmung, Konflikte innerhalb oder zwischen Einzelpersonen oder Gruppen und Verhandlungssitua-

Viele wissenschaftliche Richtungen

tionen mit mangelnder Interaktionsmöglichkeit im Rahmen sozialer Dilemmasituationen. Persönlichkeitspsychologen und Personalpsychologen, vereinzelt auch Kulturpsychologen, versuchen Eigenschaftsunterschiede von Personen zu ermitteln, die eine Prognose von Verhandlungserfolgen in unterschiedlichen Kontexten und Situationen erlauben. Diese Auswahl unterschiedlicher Blickrichtungen verdeutlicht, wie komplex Verhandeln ist (Menkel-Meadow, 2009). Es gilt für *Verhandeln* und *Überzeugen* im wirtschaftlichen und wissenschaftlichen Sprachgebrauch bestimmte Kriterien zu finden, die maßgebend sind.

Merkmale von Verhandeln

Bei persönlichem oder beruflichem Verhandeln spielen all solche Aspekte eine Rolle, die eine Verhandlung veranlassen oder notwendig machen, die mit direktem sozialen Miteinander und Austausch zu tun haben und die Verhandlungsergebnisse in diesen Kontexten beeinflussen. Mindestens folgende fünf Merkmale zeichnen den Vorgang des Verhandelns aus (vgl. Voeth & Herbst, 2009):

Mehrere Verhandlungspartner

– *Multipersonalität/-organisationalität:* Damit ist die Anzahl von Verhandlungsparteien gemeint. Eine Verhandlung benötigt mindestens zwei Verhandlungspartner (Spieß, 2004), die auch Vertreter von Organisationen oder Interessensgruppen sein können (Pruitt & Carnevale, 2003). Die Bedingung ist erfüllt, wenn sich beispielsweise ein Einkäufer mit einem Verkäufer oder ein Vorgesetzter mit seinem Mitarbeiter trifft.

Kommunikation

– *Interaktionsprozesse:* Verhandeln selbst stellt eine soziale Austauschsituation dar, in der die Verhandlungspartner erwarten, dass im Verlauf des Präsentierens ihrer Positionen, Interessen und Motive ein Austausch emotionaler oder ökonomischer Aspekte stattfindet (vgl. Lewicki et al., 2006). Dazu werden in der Regel Mittel und Hebel zur gegenseitigen Beeinflussung angewandt (Frank & Frey, 2002; Schoop, Deller & Frey, 2005), beispielsweise wenn Taktiken (Carnevale, 2000) oder Strategien zum Einsatz kommen (Lewicki, Hiam & Olander, 1998). Ein Einkäufer, der mit einem Verkäufer spricht und Forderungen aufstellt, die einer strategischen Vorgabe folgen und marktgerecht sind, positioniert sich dem Verkäufer gegenüber entsprechend. Auch in der Interaktion zwischen Vorgesetztem und Mitarbeiter findet beispielsweise darüber ein Austausch statt, wie bestimmte Arbeitsbedingungen ausgestaltet werden oder Aufgaben zu erfüllen sind.

Unterschiedliche Interessen

– *Präferenzkonflikt:* Dass überhaupt verhandelt wird oder werden muss, ergibt sich daraus, dass die Verhandlungspartner sich mindestens zu Beginn der Verhandlung in bestimmten Aspekten uneinig sind oder in Konflikt stehen (Pruitt & Carnevale, 2003). Übliche Konflikte handeln von der Verteilung eines Guts, beispielsweise in der Preisverhandlung eines Produkts. Hier wird oft die Ausprägung einer einzelnen Verhandlungsdimension angenommen (in dem Fall die des Preises, Thomas, 1992). In der Regel existiert der Konflikt allerdings auf mehreren Dimensionen und kann demnach auch im Hinblick auf verschiedene Stoßrichtungen betrachtet werden („slicing the pie“ vs. „expanding the pie“, Thompson, 2005). Kriterien und Dimensionen betreffen auch unterschiedliche vorherrschende Motive (beispielsweise Wettbewerb vs. Kooperation) beim Verhandeln (Frank & Frey, 2002). Der Einkäufer und der Verkäufer werden nun bestimmte Variablen, in denen sie nicht übereinstimmen, verhandeln können. Dazu zählen Liefermengen, Termine, Rabatte, Preise, Bestellzusagen, Werbekostenzuschüsse, Einsatz unterschiedlicher Produktbreite und -tiefe, Wechselkosten bei unterschiedlichen Anbietern, etc. Im Gespräch zwischen der Führungskraft und dem Mitarbeiter betreffen jeweilige Sichtweisen oft die unterschiedliche strategische Relevanz. Der Mitarbeiter vertritt beispielsweise aus persönlichen Gründen weniger die unternehmerische Position, wenn es um den eigenen Arbeitseinsatz geht. Die Führungskraft hat dagegen möglicherweise nicht alle Details einer bestimmten Aufgabe im Blick.

Gemeinsames Ziel

- *Zielkongruenz:* Eine gemeinsame Sichtweise oder Vereinbarung im Hinblick auf diese Sachverhalte, Interessen oder Güter zu entwickeln, stellt das gemeinsame Interesse der Verhandelnden dar (Fisher, Ury & Patton, 2006). Den Konflikt zu lösen oder zu beenden ist also beiderseitiges Bestreben (Pruitt & Carnevale, 2003). Demnach stehen die Verhandlungspartner in gegenseitiger Abhängigkeit (Thompson, 2005) und entscheiden sich dann bewusst (oder unbewusst) für die Verhandlung, wenn sie zuversichtlich sind, eine Lösung mindestens im eigenen Interesse oder in der gemeinsamen Beziehung zu erzielen (Walton & McKersie, 1965). Die Zielkongruenz im Einkäufer-Verkäufer-Verhältnis besteht für beide Seiten darin, ein gutes Geschäft zu machen und deshalb die Möglichkeiten zu prüfen. Im Fall des Vorgesetzten mit dem Mitarbeiter besteht das gemeinsame Ziel darin, in der gemeinsamen Organisation und in guter Erfüllung von Arbeitsverträgen und Zielvereinbarungen anstehende Herausforderungen erfolgreich lösen zu wollen.

Möglichkeit und Wille zur Einigung

- *Einigungsraum:* Den Rahmen des Verhandelns bestimmen organisationale oder strukturelle Bedingungen wie beispielsweise Zeit, Budget-Restriktionen oder andere strategische, institutionelle, ethisch-moralische oder psychologische Barrieren (Schoop et al., 2005). Positiv ausgedrückt liegt innerhalb dieses Rahmens die Lösung des Konflikts, weshalb es für beide Parteien ein wichtiges Kriterium ist, den Verhandlungsrahmen gründlich zu ermitteln. Beide Verhandlungspartner werden also dann miteinander verhandeln, wenn sie durch die Einigung Vorteile oder einen anderen Effekt zur Verbesserung der eigenen Situation erwarten als ohne eine Verhandlung (Tries & Reinhard, 2008). Im Verkaufskontext besteht deshalb ein wichtiges Augenmerk des Verkäufers darin, den Einigungsraum zusammen mit dem Einkäufer ausführlich zu ergründen. Deshalb wird er die Situation und die Bedürfnisse des Kunden durch viele Fragen qualifizieren, um dann ein passendes Angebot machen zu können, das für den Einkäufer auch eine relevante Lösung für den Bedarf darstellt. Im Führungsgespräch besteht der Einigungsraum darin, wie im Kontext unterschiedlicher Funktionen die anstehenden Aufgaben eines

Teams oder einer Arbeitsgruppe gut gelöst werden können. Gibt es keinen gemeinsamen Einigungsraum, so gibt es in der Regel auch keinen Verhandlungsbedarf. Wenn ein Einkäufer also nichts kaufen will und es auch nicht nötig ist, dann wäre eine Verhandlung sinnlos investierte Zeit. Im Führungskontext entspricht das Fehlen des Einigungsraums beispielsweise einer mangelnden Motivation oder einer inneren Kündigung des Mitarbeiters, die Verhandlungsversuche meist verkürzen.

Auf Grundlage der beschriebenen Merkmale lässt sich Verhandeln folgendermaßen definieren:

Definition: Verhandeln

Verhandeln ist der Vorgang einer oder mehrerer Interaktionen zwischen mindestens zwei Personen mit dem Ziel des konstruktiven Ausgleichs unterschiedlicher Präferenzen, Interessen, Positionen oder Motive. Die Verhandlungspartner sprechen dabei für sich selbst oder als Vertreter einer Organisation (vgl. Behrmann, 2007). Dimensionen, Kriterien, Rahmen und Einigungsmöglichkeiten sind zu Beginn einer Verhandlung häufig nicht transparent (Gimpel, 2007). Um den Konflikt zu klären und zu lösen, begeben sich die Verhandlungspartner gezielt in sozialen Austausch und Kommunikation miteinander. Verhandeln stellt dabei eine kooperative Variante des Konfliktverhaltens dar (Van de Vliert & Janssen, 2001).

Elemente des Verhandelns (in Anlehnung an Carnevale, 2000)
Verhandlung
In der Regel wird der Prozess des Verhandelns oder eine bestimmte Zusammenkunft, um zu verhandeln, als Verhandlung bezeichnet. Je nach zeitlicher Ausdehnung und Größe des Verhandlungsgegenstands schließt eine Verhandlung also ein oder mehrere Treffen ein.
Verhandlungsgegenstand
Als Verhandlungsgegenstand werden das Thema und der Inhalt der Verhandlung bezeichnet. Er ist die Sache oder Situation, über die der Verteilungs-, Bewertungs- oder Beziehungskonflikt besteht. Der Verhandlungsgegenstand wird differenziert durch die Anzahl der zu verhandelnden Dimensionen oder Variablen sowie die übrigen Elemente des Verhandelns.
Verhandlungsalternativen
Verhandlungsalternativen sind Möglichkeiten der Wahl innerhalb und außerhalb des Verhandelns. Innerhalb des Verhandelns bestimmt die Anzahl und Ausprägung der Verhandlungsvariablen die Optionen für Lösungen. Verhandlungsalternativen außerhalb hängen von der Größe des

eigenen Zielkorridors und Verhandlungsrahmens sowie der erwarteten Erfolgswahrscheinlichkeit ab. Die Attraktivität der Alternativen bestimmt den Grad der persönlichen Betroffenheit vom Verhandlungsgegenstand. Wenn viele Alternativen zur Verhandlung bestehen, die zudem attraktiv für den Verhandelnden sind, so wird er eher eine aktuelle Verhandlung verlassen oder gar nicht erst aufnehmen. Im Kaufhausregal stehen beispielsweise in der Regel viele ähnliche Produkte nebeneinander, sodass der Käufer nicht mit dem Händler verhandelt, sondern meist eine Alternative wählt, die ohne Verhandlung die Bedürfnisse des Käufers optimal erfüllt.
Verhandlungsziel
Gemeinsames Ziel im Verhandeln ist eine Übereinkunft darüber, wie mit dem Konflikt umgegangen werden soll. Die Übereinkunft wird bestimmt von persönlichen Zielperspektiven wie eigenen Interessen, Bedürfnissen und Motiven, Einstellungen, Wertvorstellungen, sachlichen oder persönlichen Positionen oder Vorgaben.
Verhandlungsstrategie
Eine Strategie ist ein Handlungsplan, der im Rahmen der Zielsetzung als allgemeiner Ansatz das Verhalten in Verhandlungen bestimmt. Allgemeine Strategien im Verhandeln lassen sich folgendermaßen klassifizieren: Konzessionen machen und nachgeben, Kompromiss suchen, Positionen durchsetzen, kooperatives Problemlösen oder eine Auseinandersetzung vermeiden, beispielsweise durch Untätigkeit oder Rückzug (Carnevale & Pruitt, 1992).
Verhandlungstaktik
Eine Verhandlungstaktik hat eine kürzere zeitliche Perspektive als eine Strategie und verfolgt damit auch kurzfristigere Ziele. Die Strategie bildet das übergeordnete Raster, um die Tauglichkeit eines taktischen Verhaltens zu bewerten. Grundfragen ergeben sich in der Regel aus der Situation heraus, beispielsweise: Wie gewinne ich in der jetzigen Situation das Vertrauen meines Verhandlungspartners zurück? Oder was kann ich tun, um in dieser Situation glaubwürdig oder mächtig zu erscheinen? Es gibt sehr viele und unterschiedliche Arten von Taktiken und deren Einsatzmöglichkeiten. Manipulative Taktiken sind in der Regel unbrauchbar für langfristige Kooperation (Thompson, 2005).
Verhandlungsgrenzen
Eine Verhandlung ist meist mehrschichtig. Neben den formalen Inhalten sind auch informelle oder emotionale Aspekte betroffen (Knapp & Novak, 2003; Reardon, 2004). Sowohl rationale als auch emotionale Aspekte begrenzen Verhandlungen. Dazu gehören Barrieren des Verhandlungsma-

nagements, strategische oder psychologische Barrieren, unterschiedliche organisationale Funktionen der Verhandlungspartner und der Schutz des eigenen Selbstwerts (vgl. Schoop et al., 2005).
Verhandlungsergebnis
Das Ergebnis ist das, was nach einer Verhandlung herauskommt. Resultat von Verhandeln kann sein, dass es einen Gewinner gibt, dass ein Kompromiss erzielt wurde, das Konsens besteht, was auch als gemeinsamer Gewinn deklariert wird („Win-Win"), oder dass die Verhandlung ohne Einigung beendet wird (Carnevale & Pruitt, 1992; Spieß, 2004).
Verhandlungsmanagement
In Bezug auf sachliche Aspekte betrieblichen Verhandelns wird in jüngerer Literatur der Begriff des Verhandlungsmanagements geprägt. Aufgabe eines Unternehmens ist es dabei, die Verhandlungen der Mitarbeiter im Hinblick auf das Unternehmensergebnis zu optimieren. Optimierungskriterien stellen dabei Häufigkeit, Formalität, Bewusstsein für die Verhandlungen bei den Beteiligten, Organisationszugehörigkeit der Verhandelnden, Funktionsbezug (z. B. Einkauf, Vertrieb, Personal etc.), Anzahl verhandelnder Parteien und eingesetzte Verhandlungskanäle (z. B. persönlich, telefonisch, schriftlich, etc.) der Verhandlung dar (Voeth & Herbst, 2009).

Das Zusammenspiel dieser Elemente untereinander und mit Charakteristika der Verhandelnden lässt sich angelehnt an Saner (2008) wie in Abbildung 1 darstellen.

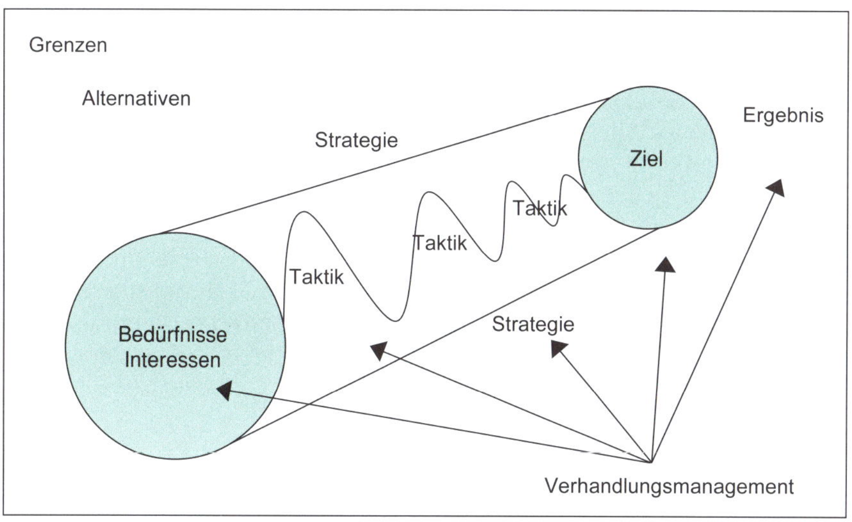

Abbildung 1:
Elemente des Verhandelns in Anlehnung an Saner (2008)

Es geht beim Verhandeln also nicht darum, was richtig oder falsch ist, sondern darum, dass sich die beiden Verhandlungspartner darauf einigen, was Sie denken (wollen), was für sie künftig richtig oder falsch sein soll – und zwar im Rahmen der Gegebenheiten der Realität – um daran ihr Verhalten und ihre Beziehung auszurichten.

1.2.2 Überzeugen

Während für Verhandeln ein unterschiedliches Verständnis vorliegt, was es genau ist, erweist sich das Thema Überzeugen unmittelbar und auch allgemeinsprachlich als leichter zugänglich. In einer Kommunikation oder Unterhaltung, in der es um Überzeugung des anderen geht, beabsichtigt eine Person, eine andere Person für ihre Meinung zu gewinnen oder die Einstellung oder Meinung der anderen Person zu verändern. Einstellungen sind dabei wichtige Voraussetzungen für entsprechendes Verhalten. Klares Ziel ist in einem Überzeugungsgespräch also, eine Wirkung zu erzielen, beispielsweise in Form einer Einsicht, einer verbindlichen Zusage oder einer Einstellungsänderung. In der Kommunikation ist Überzeugen demnach richtungsbezogen. Es geschieht im Empfänger und wird in der Regel ausgelöst durch den Sender. Überzeugen ist ein grundsätzlich sozialpsychologisches Phänomen (Brehm, Kassin & Fein, 1999). Bewertungen oder Sichtweisen ändern sich im meist kommunikativen Austausch mit einer anderen Person. Gesprächspartner zu überzeugen ist gleichzeitig gegenseitiges Ziel im Verhandeln, stellt demnach auch einen Bestandteil von Verhandlungen dar. Nun können Einflussmethoden der Überzeugung unterschiedlich tiefe Wirkung im anderen hinterlassen. Denn in der überzeugenden Kommunikation gibt es zwei grundsätzliche Wege. Zum einen spielt der Inhalt der Kommunikation eine große Rolle, zum anderen wirkt aber unter bestimmten Bedingungen auch überzeugend, dass und wie und von wem etwas gesagt wird (das zugehörige Modell der zwei Routen wird in Abschnitt 2.6 vorgestellt, vgl. Petty & Cacioppo, 1986). Im beruflichen Kontext ist grundsätzlich eine lang anhaltende und gegen neue Einflüsse beständige innere Überzeugung nach einer Verhandlung erstrebenswert. Gesprächspartner sind dann zufrieden, wenn sie den Eindruck haben, eine gute oder richtige Entscheidung getroffen zu haben. Beim Überzeugungsprozess ist also das Bewusstsein im anderen über die eigene Entscheidung für oder gegen eine bestimmte Alternative bereits ein Qualitätskriterium für die Nachhaltigkeit der resultierenden Einstellung. Daraus lassen sich die Definition und Elemente von Überzeugen ableiten:

Überzeugen als Einflussprozess zur Einstellungs- oder Meinungsänderung

Überzeugen hat ein klares Ziel

Überzeugen ist Bestandteil von Verhandlungen

Gute Entscheidung als Garant für wirksame Überzeugung

Definition: Überzeugen

Überzeugen ist der Vorgang einer durch einen Gesprächspartner angestrebten Einstellungsänderung in einem Verhandlungspartner unter Einsatz von Kommunikation (Brehm et al., 1999). Ergebnisse wirksamen

Überzeugens sind in der Regel veränderte kognitive oder emotionale Sichtweisen oder Bewertungen eines Sachverhalts, die letztendlich Einfluss auf das künftige Verhalten haben (vgl. Wenninger, 2002).

Elemente des Überzeugens
Überzeugung als Vorgang
Das ist der Prozess des Überzeugens, in der Regel mit Mitteln und über Kanäle der Kommunikation. Einzelnen Überzeugungsprozessen liegen psychologische Mechanismen zugrunde. Beim Verhandeln wird bisweilen ein strategischer Aspekt ergänzt, da ein Thema vorliegt, das den Kontext bestimmt (Berkel, 2006).
Überzeugung als Einstellung
Eine einzelne Überzeugung ist eine kognitive oder emotionale Sichtweise, die Resultat einer bewussten Auseinandersetzung mit einem Sachverhalt ist, beispielsweise als Folge einer Verhandlung. Die Überzeugung ist dann relativ stabil und immun gegen erneute Überzeugungsversuche. Sie beruht auf innerem Commitment im Sinne einer Entscheidung für die Sichtweise, wenn die geistige Auseinandersetzung damit tief war. Man sagt dann, sie wurde elaborativ verarbeitet (Petty & Cacioppo, 1986).
Sender
Im klassischen Kommunikationsmodell ist der Sender derjenige, der über einen Kommunikationsweg eine Botschaft an den Empfänger liefert. Im Kontext des Überzeugens ist es derjenige, der überzeugen will. Der Sender hat unter anderem Verantwortung dafür, wie und ob der Empfänger die Argumentation verstehen wird. Wichtige Gestaltungsmerkmale für den Sender sind beispielsweise Verständlichkeit, richtiger Kommunikationsweg und Redundanz der Inhalte in unterschiedlichem Ausdruck wie etwa Text und Bild (Traut-Matthausch & Frey, 2006), also Wiederholung für viele Wahrnehmungssinne und unterschiedliche kognitive Verarbeitung.
Empfänger
Der Empfänger ist der zu überzeugende Partner im Prozess des Überzeugens. Wie und ob der Empfänger die Bemühungen des Senders versteht, hängt neben Sender und Beschaffenheit der Nachricht (z. B. Komplexität, Verständlichkeit) von den emotionalen (z. B. persönliche Betroffenheit) und kognitiven Eigenschaften (z. B. der Fähigkeit zur Dekodierung der Nachricht) des Empfängers ab (Traut-Matthausch & Frey, 2006).

Botschaft/Inhalt
Botschaft und Inhalt sind die Argumente, die zum Überzeugen vorgebracht werden, neben Aspekten nonverbaler Kommunikation, die auch auf die Meinungsbildung des Gegenübers einwirken. Im Sinne bestehender Forderungen über Kommunikation („Man kann nicht nicht kommunizieren" und „Jede Kommunikation hat einen Inhalts- und einen Beziehungsaspekt", Watzlawick, Beavin & Jackson, 2000, S. 53/56) sind sowohl rationale als auch emotionale Elemente der Kommunikation relevant, um zu überzeugen. Die Wirkung der Argumente im Empfänger richtet sich nach Art der Verarbeitung der Überzeugungsnachricht (intensiv/elaborativ oder marginal/peripher). Beispielsweise kann in bestimmten Fällen eine persönliche Empfehlung für eine Entscheidung genügen, während in anderen logische und zwingende Argumentation und ausführliche Schlussfolgerungen notwendig sind (Lewicki et al., 2006).

1.3 Abgrenzung zu ähnlichen Begriffen

1.3.1 Streiten, Austragen eines Konflikts

Beim Streiten gibt es Verlierer

Das Austragen eines Konflikts betrifft die einseitige Betrachtung der eigenen Situation mit der Gefahr der Eskalation des Konflikts. Wenn Konflikte oder Streit nicht sachorientiert ausgetragen werden, geht es oft weniger konstruktiv zu. Jede Partei verfolgt eigene Ziele und schafft es nicht, diese unter einer gemeinsamen Zielsetzung zu integrieren. Ergebnisse von Streitaustragungen bleiben im Vergleich zu gezieltem Verhandeln mindestens für eine Partei in der Regel hinter den Erwartungen zurück (Schwarz, 2005). Hinweise zum Umgang mit Konflikten in Führungs- und Teamsituationen gibt Regnet (2007).

Austragen eines Konflikts versus Verhandeln
Gemeinsamkeiten mit Verhandeln
– Beteiligung mehrerer Konfliktparteien – Unterschiedliche Sichtweisen über ein Thema oder einen Sachverhalt – Interaktion zwischen den Konfliktparteien (bei Verhärtung nimmt der Kontakt möglicherweise ab; auch Vermeidung von Interaktion ist eine Reaktionsmöglichkeit bei Konflikten) – Einzelne Parteien nutzen Mittel der Beeinflussung, um den Konfliktgegner umzustimmen – Sowohl rationale als auch emotionale Elemente sind relevant im Konfliktverlauf

Unterschiede zu Verhandeln
– Kein gemeinsames Ziel – Lösung und Beilegung des Konflikts nicht notwendigerweise angestrebt – Die Konfliktparteien wollen gewinnen (oder streiten/kämpfen) – Kein Fokus auf Interessen, sondern auf Positionen – Partnerschaft und Kooperation sind keine Grundlage des gemeinsamen Austauschs – Fehlende zweiseitige Sichtweise der Situation beider Parteien – Resultat sowohl objektiv als auch subjektiv oft nicht befriedigend für einige oder alle Beteiligte („Win-Lose", „Lose-Lose")

1.3.2 Mediation, Schlichtung

Mediation als Verhandlungsalternative, bei der vermittelt wird

Mit dem Begriff Mediation (vgl. hierzu auch Kals & Ittner, 2008) wird ein Verfahren bezeichnet, mit dem durch einen Dritten zwischen mehreren Parteien in Bezug auf Interessen vermittelt wird, die in Konflikt stehen. Insofern stellt eine Mediation eine Alternative zu einer Verhandlung dar (Saner, 2008). Meist wird jedoch aus zeitlichen, finanziellen und personellen Gründen auf Mediation verzichtet und die wesentlich informellere persönliche und bilaterale Verhandlung verfolgt. Es gibt noch weitere Unterarten von Mediationen. Während jegliche Art von Vermittlung als Mediation bezeichnet werden kann, sind Schlichtungen solche Formen der Mediationen, die stärker durch Verfahrensordnungen und Formvorschriften geregelt sind und sich in der Regel im öffentlich-rechtlichen Leben abspielen (Scholz, 2006).

Mediation versus Verhandeln
Gemeinsamkeiten mit Verhandeln
– Beteiligung mehrerer Konfliktparteien – Unterschiedliche Sichtweisen über ein Thema oder einen Sachverhalt – Interaktion zwischen den Konfliktparteien – Einzelne Parteien nutzen Mittel der Beeinflussung, um den Konfliktgegner umzustimmen – Sowohl rationale als auch emotionale Elemente sind relevant im Konfliktverlauf – Gemeinsames Ziel der konstruktiven Beilegung eines Konflikts
Unterschiede zu Verhandeln
– Lösung des Konflikts durch einen beauftragten neutralen Dritten (Mediator/Schlichter)

- Der Mediator trifft keine eigenen Entscheidungen bezüglich des Konfliktgegenstands, sondern ist ausschließlich für das Verfahren verantwortlich
- Asymmetrische Beziehung zwischen Beteiligten und Betroffenen, meist in Bezug auf Macht
- Meist relativ formaler Austausch zwischen den Konfliktparteien, besonders bei Schlichtungen, die das Gebiet der Rechtswissenschaften betreffen
- Bei einer Schlichtung gibt der Schlichter Empfehlungen für einen Kompromiss
- Oft bereits lang andauernde Auseinandersetzung und steigender Zeitdruck
- Resultat sowohl objektiv als auch subjektiv oft nicht befriedigend für einige oder alle Beteiligte („Win-Lose", „Lose-Lose")

1.3.3 Beeinflussen, manipulieren

Manipulation will den anderen ausnutzen

Beim Beeinflussen oder Manipulieren ist es das Ziel eines Beeinflussenden, einen anderen bewusst zu einer Handlung oder Sichtweise zu leiten, die dem Beeinflussenden nützlich ist. Auswirkungen und Konsequenzen für den Beeinflussten finden dabei üblicherweise keine Berücksichtigung. Um einen anderen zu bewegen, werden häufig Hebel der Macht eingesetzt, die auf unterschiedlichen Quellen beruhen. Die eingesetzte Macht muss nicht objektiv vorliegen. Wichtig ist nur, dass der Beeinflusste die Macht wahrnimmt. Mit dieser Macht entstehen dann asymmetrische Situationen zwischen Beeinflusser und Beeinflusstem, die der Einflussnehmende ausnutzt. Die Macht fußt entweder in der Amtsautorität *(legitime Macht)*, in der Möglichkeit zu belohnen (*Belohnungsmacht,* auch *Verhandlungsmacht*) oder zu bestrafen *(Zwangsmacht)*, in persönlicher Ausstrahlung (*Referenzmacht*, beispielsweise durch Sympathie, Respekt und Achtung für Charisma und Begeisterungsfähigkeit), in Fähigkeitsvorteilen *(Expertenmacht)*, in einem Wissensvorschuss *(Informationsmacht)* oder im Einsatz überzeugender Argumente *(Persuasivität)* (Blickle & Solga, 2006).

Quellen der Macht

Manipulation versus Verhandeln
Gemeinsamkeiten mit Verhandeln
– In der Regel Interaktion zwischen den Beteiligten und Betroffenen – Ziel der Einstellungs- oder Verhaltensänderung des Betroffenen – Sowohl rationale als auch emotionale Elemente sind relevant – Bestimmte Machtquellen werden in Verhandlungen auch kooperativ eingesetzt – Bestimmte Einfluss-Techniken und Taktiken werden auch in Verhandlungen eingesetzt

Unterschiede zu Verhandeln
– Vorliegen eines Konflikts nicht notwendig – Unterschiedliche Herangehensweisen zur Lösung; der Beeinflussende nimmt bewusst einen Nachteil, eine Schädigung der anderen Partei in Kauf – Asymmetrische Beziehung zwischen Beteiligten und Betroffenen in Bezug auf eine Situation oder eine Information, beispielsweise fehlende Informationen, unterschiedliche Position, Abhängigkeiten finanzieller oder personeller Art, etc. – Durchsetzen des eigenen Willens der beeinflussenden Partei oder Person als Ziel – Einsatz von Einflussmitteln, Taktiken oder Aspekten von Macht – Resultat sowohl objektiv als auch subjektiv oft nicht befriedigend für einige Beteiligte, wenngleich für einige Einflussmittel Erfolge zugunsten der beeinflussenden Partei nachgewiesen sind („Win-Lose")

Einfluss-taktiken

Typische Einflusstaktiken, die in Organisationen möglich sind, listen Blickle und Solga (2006) auf (s. a. Cialdini, 2001; Mortensen, 2004):

1. *Assertivität:* Anweisungen, Forderungen, Vorschriften machen,
2. *Blockieren:* drohen, ignorieren, Zusammenarbeit beenden, langsamer arbeiten,
3. *Sanktionen:* Leistungsvergütung zurückhalten, Stellung des anderen verändern,
4. *Tauschangebot:* Gefallen gegen Gegenleistung anbieten,
5. *Einschmeicheln:* loben, freundlich sein, Gefälligkeiten, Zustimmung gewähren,
6. *Rationalität:* logische Argumente, Informationen, Schlussfolgerungen liefern,
7. *Koalitionsbildung:* Unterstützung von anderen herstellen,
8. *Höhere Instanzen:* Dritte vorhalten, z. B. Vorgesetzte einschalten, auf andere Macht im Hintergrund verweisen,
9. *Inspirierende Appelle:* an Emotionen, Werte und Ideale appellieren,
10. *Konsultationen:* Vorschläge erbitten, Meinung erfragen,
11. *Legitimation:* auf eigene Autorität oder Prozesse beharren,
12. *Persönliche Appelle:* an Freundschaft und Loyalität appellieren,
13. *Selbstpräsentation:* Selbstlob, eigene Erfolge, Kompetenzen darstellen.

1.3.4 Überreden

Überreden ist nicht Überzeugen

Überreden unterscheidet sich vom Vorgang des Überzeugens vor allem dadurch, welcher Pfad der Verarbeitung gegangen wird, um die ausgetauschten Informationen gedanklich zu verarbeiten. Es gibt den Prozess des Überzeugens und den des Überredens. Zwei-Prozess-Modelle der Persuasion beschreiben Kriterien, die Sender, Nachricht und Empfänger erfüllen müssen, um im Kanal des Überzeugens oder dem des Überredens verarbeitet zu werden (vgl. Bohner & Wänke, 2006). Überreden setzt nicht auf die Einsicht und somit auf das aktive „Ja" des Gegenübers, sondern darauf, die eigene Meinung grundsätzlich und deutlich zu positionieren und zu verteidigen. Die Gesprächsanteile sind damit stärker als Monolog ausgerichtet denn als Dialog.

Überreden ist einseitiger

Überreden versus Überzeugen
Gemeinsamkeiten mit Überzeugen
– Beteiligung mehrerer Gesprächspartner – Unterschiedliche Sichtweisen über ein Thema oder einen Sachverhalt, meist motivationaler Art – Interaktion zwischen den Konfliktparteien – Einzelne Parteien nutzen Mittel der Beeinflussung, um den Konfliktgegner umzustimmen – Sowohl rationale als auch emotionale Elemente sind relevant im Konfliktverlauf
Unterschiede zu Überzeugen
– Eine Partei will oder kann in der Regel nicht auf Argumente der anderen eingehen – Der Diskussionsgegenstand hat für den überredeten Gesprächspartner meist eine geringere Bedeutung als für den Überredenden – Die ausgetauschten Information werden zumindest vom überredeten Gesprächspartner nicht tief, sondern eher peripher/marginal verarbeitet – Es werden einfache Mittel des Einflusses genutzt – Resultate sind in der Regel nur von kurzer Dauer (keine Einstellungsänderung, auch bei Zustimmung oder Nachgeben) – Nicht Einsicht als Ziel

1.3.5 Feilschen

Feilschen als schnelle Folge von Forderung und Gegenforderung

Feilschen ist eine Form oder ein Abschnitt mancher Verhandlungen. Es tritt in meist weniger komplexen Verteilungssituationen kurz vor Abschluss auf. In der Regel findet Feilschen in der Domäne des Verkaufens statt. Der englische Begriff *„bargain"* wird oft synonym mit verhandeln *(„negotiate")* verwendet, bezieht sich allerdings auf meist weniger komplexe Verhandlungen, bei denen um nur wenige Dimensionen (z. B. Preis vs. Menge) verhandelt oder gefeilscht wird (Behrmann, 2010). Der Prozess des Feilschens beinhaltet einen schnellen Schlagabtausch von Forderung, Entgegenkommen, Gegenforderung und Annehmen des Gegenangebots. Feilschen wird durch das endgültige Ablehnen eines Angebots oder das Ende der Bereitschaft für weitere eigene Angebote beendet. Beim Feilschen setzen Menschen Überredungs- oder andere Einflusstechniken ein. Verhandlungen im Sinne von Problemlösungen beispielsweise stellen dagegen komplexere Situationen dar, bei denen das Ziel eine integrative Lösung oder gemeinsame Erkenntnis ist und Feilschen nicht zum Ziel führt.

Feilschen versus Verhandeln
Gemeinsamkeiten mit Verhandeln
– Beteiligung mehrerer Verhandlungspartner – Unterschiedliche Sichtweisen über einen Sachverhalt, häufig über den Preis – Interaktion zwischen den Konfliktparteien (meist zwei) – Gemeinsames Ziel ist die Einigung, also ein gemeinsames Ergebnis zu finden – Es gibt die Möglichkeit einer Einigung entlang des diskutierten Sachverhalts
Unterschiede zu Verhandeln
– In der Regel beschränkt auf Verteilungskonflikte, zumeist im Rahmen von Preis- und Mengenverhandlungen – Hebel der Beeinflussung beruhen auf Nennen einer Position – Keine Berücksichtigung von Interessen des anderen – Abbruch der Verhandlung in der Regel mit wenig Verlust verbunden – Meist keine langfristige Beziehung angestrebt – Resultate entsprechen einem Kompromiss, da jeder von seinen Ursprungsforderungen abgehen musste, um eine Einigung zu erzielen („Lose-Lose“)

1.4 Betrieblicher Nutzen wirksamen Überzeugens und Verhandelns

Aufruf zu mehr systematischen Auswertungen im Anwendungsfeld

Der Erfolg von Verhandeln wird selten systematisch im Anwendungsfeld untersucht oder publiziert – nicht zuletzt aus finanziellen Gründen, aufgrund von Schwierigkeiten der Reduktion von Störeinflüssen in Ergebnissen und natürlich auch deshalb, weil Unternehmen ein Interesse daran haben, mögliche gefundene Ergebnisse zunächst oder ausschließlich für eigene Erkenntnisse und Vorteile zu nutzen. Was vorliegt und was durchaus sowohl wissenschaftlichen Zugang wie nutzbringende Verbreitung finden kann, sind

Erfolgsberichte und Fallbeispiele über oder von erfahrenen Verhandlungsexperten und Verhandlungs-Coachs (z. B. Mortensen, 2004). Zudem existieren viele wissenschaftliche Untersuchungen, die in kontrollierten Bedingungen den Nutzen einzelner Aspekte, Strategien und Taktiken in Verhandlungen und Kontexten von Überzeugung untersucht haben, von denen anzunehmen ist, dass sie sich auch im betrieblichen Verhandeln in Erfolgsgrößen einer Organisation niederschlagen können. Vorteile und Nutzen von Verhandeln liegen in mindestens folgenden Bereichen (Carnevale & Pruitt, 1992):

- Förderung der Kommunikation zwischen den Verhandlungspartnern
- Kostenoptimierung
- Tendenziell freundlicherer Umgang miteinander
- Ermöglichen von Win-Win-Lösungen zu beiderseitigem Nutzen
- Entwickeln und Auffinden von Lösungen, die zu Beginn der Verhandlung außerhalb eines Möglichkeitsraums lagen
- Stärken und Fördern einer andauernden Kooperation und Beziehung

Messung betrieblicher Erfolgskennziffern als Verhandlungscontrolling

In Bezug auf betriebliches Verhandlungsmanagement sind noch größere Auswirkungen zu erwarten, wenn betriebliche Verhandlungen einem systematischen Controlling unterliegen. Voeth und Herbst (2009) schlagen dazu eine Strukturierung entlang der Analyse von Zielerreichung (Soll-Ist-Vergleiche auf Detail- und übergeordneter Ebene) und Abweichungsursachen (im Hinblick auf Organisationsbereiche, Verhandlungsobjekte, Sachverhalte, Strategien und Taktiken sowie Beteiligte auf allen Seiten) vor. Daraus lassen sich schließlich Implikationen für künftige Verhandlungen in Bezug auf die Analyse, Organisation, Vorbereitung, das Führen und das Controlling von Verhandlungen ableiten.

Grenzen von Verhandlungsforschung

Effekte wissenschaftlicher Forschung bei einem so komplexen Thema wie Verhandeln und Überzeugen in der Praxis zu finden und umfassend zu prüfen, wird auch hier nur mit Einschränkungen oder unter Auswahl bestimmter Facetten möglich sein. Es gibt Grenzen systematischer Ergebnisse in der Erforschung von Verhandeln, nicht zuletzt aufgrund von hoher Komplexität bei jeder sozialen Interaktion in Organisationen. Die Untersuchung von Verhandeln ist beispielsweise durch folgende Aspekte erschwert:

- Manche Effekte sind ohne Labor-Situationen nicht oder nur schwer sichtbar (z. B. emotionale Wirkungen).
- Viele Effekte treten erst langfristig ein.
- Die Beurteilung von Qualität von Verhandlungen und Ergebnissen liegt im Auge des Betrachters.
- Konsistenz im Verhalten ist im Anwendungskontext schwer definierbar.
- Systematische Vorbereitung, Durchführung und Nachbereitung sind oft nicht zugänglich.

– Selten finden systematische Messung und Controlling statt.
– Bedingungen der Situation beeinflussen den Verlauf der Verhandlung.
– Organisationale Rahmenbedingungen begrenzen mögliche Optionen und Verhalten.
– Rechtliche Rahmenbedingungen beeinflussen die Flexibilität der Verhandelnden.
– Gesellschaftliche Rahmenbedingungen und Veränderungen schränken die Verwendbarkeit früherer Erkenntnisse ein.
– Kulturelle Rahmenbedingungen begrenzen die Aussage von Erkenntnissen.
– Ideologische Rahmenbedingungen beeinflussen die Wendigkeit und das Verhalten von Verhandelnden.
– Kenntnis-, Fähigkeits-, Fertigkeits-, Motivations- und Persönlichkeitsunterschiede von Beteiligten bestimmen das individuelle Auftreten im Verhandlungsgespräch.

Prägen von Image und Beziehung

Bei allen vorsichtigen Einschränkungen der Generalisierbarkeit von Erkenntnissen zum Verhandeln und Tipps zum Überzeugen ist allerdings nicht zu missachten, dass professionelle Verhandlungen noch weitere Perspektiven erfüllen, die auch unterschiedliche wissenschaftliche Studien widerspiegeln: Neben dem eigentlichen Erfolg in einer spezifischen Sachfrage und Situation dient Verhandeln auch der Beschäftigung mit einem Problem im Sinne der Suche nach einer Lösung, wirkt als diplomatisches Politikum in Bezug auf die Entwicklung der Beziehung zwischen den Verhandlungspartnern und prägt schließlich auch in Teilen das Image über eine vertretene Organisation, deren Management, Führungskräfte, Einkäufer und Vertriebsexperten im Rahmen einer Unternehmenskommunikation nach innen und außen (Druckman, 1997). Dass zielorientierte und konstruktive Verhandlungen und Überzeugungsprozesse einen Nutzen für eine Organisation haben, ist allgemein unbestritten. Die tatsächlichen Effektgrößen müssen sich im Einzelfall in der Anwendung erweisen.

2 Modelle zum Verhandeln und Überzeugen

Im vielfältigen Gebiet des Verhandelns gibt es wohl nicht zuletzt wegen der Vielfalt an Anwendungsbereichen keine Theorie oder kein allgemeines Modell, das die ganze Komplexität des Themas Verhandeln umfassen würde (Pruitt, 1998). Modelle oder vorgeschlagene Methoden betreffen daher in der Regel relevante Ausschnitte oder zu berücksichtigende Aspekte des Ganzen. Bekannte Theorien lassen sich unterscheiden in solche, die bestimmtes Denken und Verhalten empfehlen oder vorschreiben (sogenannte *normative* oder *präskriptive Modelle*) und solche, die aus der Beschreibung von Bedingungen, Denk- und Verhaltensweisen Erklärungen und Empfehlungen für Verhandlungen ableiten (sogenannte *deskriptive Modelle*). Die Krux an normativen Theorien ist, dass keiner weiß, ob oder zu welchem Grad sie stimmen – auch wenn sie in der Regel plausibel erscheinen, man sagt dazu inhaltsvalide. Bei deskriptiven Theorien ist unsicher, ob sie noch gültig sind oder wie generell sie funktionieren – da sie meist zwar wissenschaftlich, dann aber oft in isolierten oder vereinfachten Bedingungen und zu einem vergangenen Zeitpunkt, geprüft oder abgeleitet wurden.

Normative und deskriptive Theorien

Thomas (1992) nennt sechs Herausforderungen, die die Generalisierbarkeit und Allgemeingültigkeit von Verhandlungsmodellen sowie Theorien und Empfehlungen zum Verhandeln begrenzen:

1. Modelle vereinfachen die Komplexität der Realität oder beleuchten nur Aspekte.
2. Betrachtete Ziele und Perspektiven in Verhandlungen sind sehr vielfältig.
3. Verhandlungen haben unterschiedliche zeitliche Ausdehnung und Intensität.
4. Empfehlungen sind in der Regel nicht wertfrei, sondern ethisch-ideologisch geprägt.
5. Verhandlungen werden von unterschiedlichen Personen und Gruppen geführt.
6. Verhandlungen unterliegen zusätzlich unterschiedlichen kulturellen Einflüssen.

Letztendlich wünscht sich ein Verhandlungsratgeber, dass jede Verhaltensempfehlung auch wissenschaftlich fundiert werden kann und somit begründbar ist. Diesem Wunsch kann natürlich durch wissenschaftliche Prüfung nachgekommen werden. Dabei hat jede Forschungstradition und jede Art der Modellbildung über Verhandeln, relevante Prozesse und Bedingungen ihre Berechtigung. Denn jedes Modell liefert einen Denkrahmen und Einsatzmöglichkeiten, wenn nicht gar eine Erweiterung des Wissens über die Verhandlungsdomäne (Zartman, 2002). Welche Modellart letztlich sinnvoll

Jedes Modell erlaubt Aussagen und Ableitungen

für die eigene Anwendung ist und eine Aussage mit Relevanz für die Anwendung liefern kann, hängt von der jeweiligen Grundfrage und Aussagemöglichkeit des Modells, der Verhandlungssituation, Eigenheiten der beteiligten Personen sowie dem Verhandlungsgegenstand ab.

In diesem Band werden in Erweiterung der Unterscheidung von Morley (2006) sechs unterschiedliche Anwendungs- und Forschungstraditionen mit je einem prototypischen Phänomen oder Modell knapp vorgestellt und nutzbar erklärt. Die ersten drei folgen einem eher normativ-präskriptiven Ansatz, die letzten drei repräsentieren tendenziell deskriptive Modelle. Daneben gibt es noch andere Unterscheidungsformen und Möglichkeiten der Gliederung von Modellen, die sich teilweise mit den vorliegenden überlappen. Kausalmodelle zum Beispiel identifizieren Eigenheiten von Situation, Prozess und potenziellem Ergebnis im deskriptiven Sinne. Strukturmodelle fokussieren auf Schritte und Phasen im Verhandlungsprozess im normativen Sinne (Carnevale, 2000).

Kausal- und Strukturmodelle

2.1 Mathematisch-betriebswirtschaftlicher Ansatz: Analytisches Modell

Analytische Modelle entstammen der rationalen Spieltheorie

Analytische Modelle sind formale oder normative Modelle, die der Spieltheorie entspringen. In sogenannten Spielen (= Verhandlung, dort meist als *„bidding games"* bezeichnet), werden die Attribute der Verhandlungsvariablen bestimmt, die zu einem für beide Parteien optimalen Ergebnis führen (Gimpel, 2007). Ein analytisches Modell nimmt dabei an, dass die Verhandlung rational abläuft, bestimmten Entscheidungsalgorithmen folgt und die Verhandlungspartner nach Nutzenmaximierung streben.

Nullsummen-Spiele

In solchen *Nullsummen-Spielen* wird in der Regel also die Verteilung eines Guts, z.B. eines Preises, verhandelt. Aufgrund der Verteilungssituation nennt man diese Verhandlung auch distributiv – im Gegensatz zu integrativen Situationen, bei denen es tendenziell um eine Erweiterung des Rahmens innerhalb einer Problemlösung geht. Die Überschneidung des gegenseitigen Einigungsbereichs in der distributiven Situation bestimmt darüber, ob es eine gemeinsame Lösungsalternative gibt. Der Einigungsbereich wird als ZOPA („Zone Of Possible Agreement", Bazerman & Neale, 1992) bezeichnet (vgl. Abbildung 2). In der Abbildung wird klar, dass es nur dann einen Einigungsbereich gibt, wenn sich die möglichen Zielräume der Beteiligten überschneiden. Das ist dann der Fall, wenn der Austrittspreis oder Reservationspreis des Bietenden höher ist als der des Fordernden. In der ersten Variante in der Abbildung ist der Einigungsbereich etwas größer, im zweiten Beispiel auf gleicher Skala etwas kleiner. Will ein Käufer nun beispielsweise nicht mehr als 6.000€ ausgeben und ein Verkäufer für das gleiche Gut aber mindestens 9.000€ erhalten (Variante 3), gibt es keine Überschneidung und somit nach diesem Ansatz keinen Einigungsbereich. Das ist in der Grafik auch daran er-

„ZOPA", der Einigungsbereich

kennbar, dass Käufer und Verkäufer mit ihren Reservationspreisen nun an den jeweils anderen Enden der Skala stehen. Interessant an diesem Ansatz ist, dass sich selbst komplexe Verhandlungen auf eine Verteilungs-Dimension reduzieren (lassen und müssen), dann nämlich wenn alle Verhandlungsalternativen und Präferenzen bekannt sind.

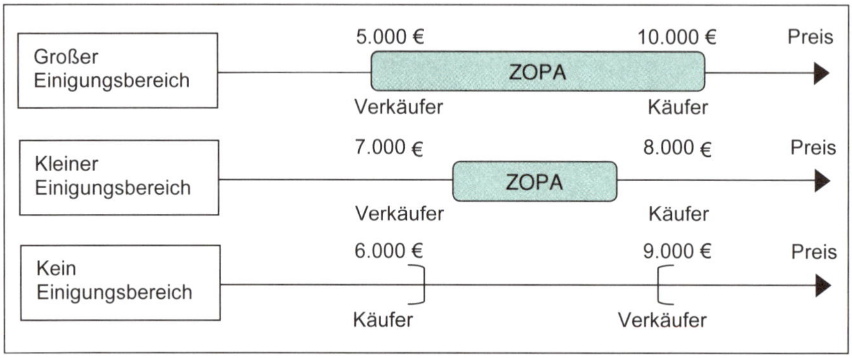

Abbildung 2:
Einigungsbereich in distributiven Verhandlungen nach Bazerman und Neale (1992)

Nash-Equilibrium als mathematisches Gleichgewicht der Alternativen

Eine optimale Lösung ist dann erreicht, wenn keine Alternative außerhalb der Verhandlung attraktiver für einen der Verhandlungspartner ist. Dieses „Gleichgewicht" wird auch als *Nash-Equilibrium* bezeichnet – nach John Nash, einem der frühen prägenden Vertreter dieses Ansatzes. Nash (1950) postuliert vier Axiome, die ein kooperatives optimales Ergebnis einer Verhandlung *(„bargaining")* beschreiben:

Nash-Axiome: Symmetrie, Pareto-Optimum, Invarianz, Unabhängigkeit

1. Der Nutzen für beide Seiten folgt einer Symmetrie.
2. Es existiert ein Pareto-Optimum, das als beiderseitig fair erlebt wird. (Ein Pareto-Optimum stellt ein erlebtes Gleichgewicht der Verhandlungsergebnisse dar.)
3. Es besteht Invarianz des Ergebnisses zu einem gleichwertigen Nutzen.
4. Das Ergebnis genügt der Unabhängigkeit von irrelevanten Alternativen.

Die vier Axiome können folgendermaßen erklärt und übersetzt werden: In der Symmetrieforderung in Axiom 1 wird klar, dass im mathematischen Modell eine Austauschsituation angenommen wird, in der ein Geben und Nehmen herrscht und jede Seite einen gleichwertigen Nutzen erwirtschaften will. Der Nutzen einer Lösung muss allerdings nicht dem gleichen Geldwert entsprechen, wenn er im Rahmen der Variablen nur als gerecht empfunden wird (Axiom 2). Axiom 3 zielt darauf ab, dass es zu der Verhandlung keine Alternative gibt, wenn die Alternative keinen größeren Nutzen für einen der Beteiligten darstellt. Das bedeutet, der wahrgenommene Wert einer Alternative außerhalb der Verhandlung und des verhandelten Ergebnisses ist gewissermaßen identisch (oder geringer) als der, um den aktuell verhandelt wird. Dadurch wird die Verhandlung begründet. In der vierten Forderung wird deutlich, wie wichtig eine Analyse der Situation ist, damit nicht um irrelevante Lösungen diskutiert oder verhandelt werden muss. Denn diese sollten nach Axiom 4 das Ergebnis und die Bewertung der Einigung nicht beeinflussen. Ziel ist es, in der Verhandlung eine Lösung zu finden, die alle vier Axiome erfüllt. Das ist grundsätzlich auch mathematisch und unabhängig von den Verhandelnden möglich. Eine solche Lösung wird am Ende die Zufriedenheit der Teilnehmer der Verhandlung bestimmen (vgl. Abbildung 3).

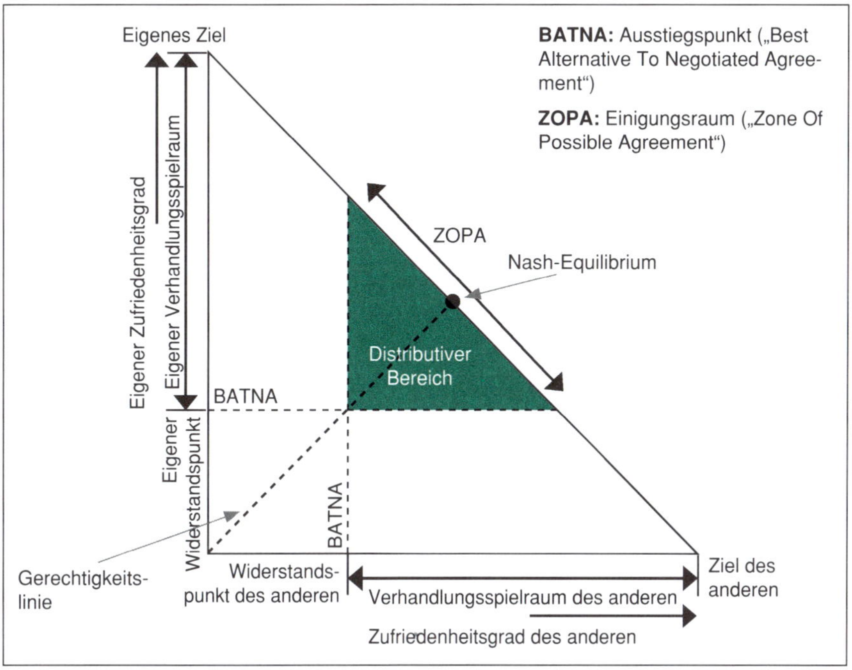

Abbildung 3:
Mögliche Ergebnisse in distributiven Verhandlungen in Anlehnung an Thomas (1992)

Rubinstein-Spiel: Optimum oft im ersten Angebot

Nach der Weiterentwicklung dieser Theorie im Hinblick auf Verhandlungsprozesse wird nicht nur eine Folge von Angebot und Annehmen des Angebots zugrunde gelegt, sondern mehrere Angebot-Gegenangebot-Schritte (sogenanntes *Rubinstein-Spiel* nach dem prägenden Vertreter dieser Richtung, Rubinstein, 1982). Die wichtigste Erkenntnis aus der Forschung dazu ist, dass ein im ersten Angebot vorgeschlagenes Ergebnis durch mehrere Angebot-Gegenangebot-Schritte hinterfragt wird. Genau dadurch gewinnt es an Attraktivität, was letztendlich dazu führt, dass sich das Resultat vom Optimum des ersten Angebots wieder entfernt. Das heißt, Verhandlungspartner akzeptieren manchmal für sie ökonomisch schlechtere Lösungen, auch weil die Dauer der Verhandlung den Wert des zu verteilenden Betrags senkt. Umgekehrt gesagt bedeutet das, dass ein erstes vernünftig durchdachtes Angebot in einer Verhandlung oft ein bereits recht gutes ist. Wenn nun gleichzeitig alle Präferenzen für die Verhandelnden bekannt wären, dann würde nach Rubinstein das Optimum der Verhandlung also bereits im ersten Angebots-Zug erzielt. In der Regel liegen aber bei Verhandlungen nie vollständige Informationen über alle zeitlichen und inhaltlichen Präferenzen, die Risikoaversion und Wahrnehmungen der einzelnen Teilnehmer vor. Außerdem erscheinen in distributiven Verhandlungen die eigenen Präferenzen denen des anderen entgegengesetzt. Dieses Modell kann also erklären, warum eine Person einem Erstbietenden aus ökonomischen Erwägungen zustimmt, auch wenn das Angebot für den Erstbietenden einen größeren Anteil erwirkt (Voeth & Herbst, 2009). Dies ist vor allem dann möglich, wenn die Verhandlungspartner ihren persönlichen Ausstiegspunkt aus der Verhandlung kennen und klar berücksichtigen, also das niedrigste Angebot des Gegners, auf das sie gerade noch eingehen würden. Dieser Punkt des Widerstands oder Reservationspreis wird auch als BATNA bezeichnet („Best Alternative To Negotiated Agreement“, vgl. Abbildung 3).

„BATNA“, das niedrigste zu akzeptierende Angebot

Vorteile des analytischen Modells liegen in seiner Einfachheit, inhaltlichen Logik und Möglichkeit zur Beschleunigung von Verhandlungen. Anwendbar ist das Modell besonders in basarähnlichen Feilsch- oder klassischen Verkaufssituationen, in denen sich die Verhandlungspartner nur kurz begegnen und im Rahmen moralischer Vernunft Interesse an einer Lösung haben, die sie beide als gerecht oder fair betrachten. Die Empfehlungen sind dennoch im jeweiligen Anwendungsfall zu prüfen, immerhin entstammen die Ergebnisse und Forderungen dieser Modelle größtenteils Laborexperimenten, bei denen in isolierten Situationen nur ausgewählte Verhandlungsattribute betrachtet wurden, was natürlich auch zu einigen recht abstrakten Empfehlungen führen kann. Zudem ist schwer zu beurteilen, wann ein echtes Gleichgewicht im realen Kontext existiert, vor allem weil Verhandelnde nicht vollständig rational entscheiden, handeln oder wahrnehmen. Diese Abkehr vom rationalen Entscheider, dem nutzenmaximierenden „homo oeconomicus“ gilt als anerkannt (Plous, 1993).

Bewertung des analytischen Modells: weg vom „homo oeconomicus“

2.2 Sozialpsychologisch-behavioraler Ansatz: Verhaltensmodell

Mixed-Motive-Settings im Verhaltensmodell

Kooperations-Kompetitions-Theorie

Mit der Grundfrage, wie Konfliktpartner sich in Situationen verhalten, in denen sowohl gegensätzliche („persönliche Gewinne“, distributive Denkweise) als auch gemeinsame Ziele („keine Nachteile“, integrative Denkweise) wirken, beschäftigen sich Modelle in Ansätzen gemischter Motive. Morton Deutsch (1949) formuliert daraus, aufbauend auf der Lewin'schen Feldtheorie, nach der Verhalten das Produkt aus Person und Situation ist, die *Kooperations-Kompetitions-Theorie* (Tries & Reinhard, 2008). Dabei unterscheidet er persönliche Zielstrukturen von Konfliktpartnern danach, wie die

Ziele erreicht werden können. Menschen verfolgen in Situationen der Abhängigkeit voneinander demnach entweder kompetitive Zielstrukturen im Sinne einer Wettbewerbsorientierung oder kooperative Zielstrukturen im Sinne einer nutzenorientierten Koexistenz. Die Kooperations-Kompetitions-Theorie stellt eine Erweiterung der Angebots-Gegengebots-Situationen unter Verhaltensaspekten dar. Der sozialpsychologische Aspekt daran ist die Annahme, dass Verhandlungspartner eine motivationale Zielstruktur haben, also bestimmte Beweggründe für ihre Verhandlungsposition, die sie mehr oder weniger bewusst verfolgen.

Das Gefangenen-Dilemma als Wahlmodell

Untersucht wurde dieses Setup häufig anhand von Nullsummen- oder Dilemma-Spielen, die auf dem verbreiteten Ansatz des Gefangenen-Dilemmas beruhen. Das klassische *Gefangenen-Dilemma* erhielt seinen Namen aus dem Anwendungsgebiet der Gerichtspsychologie. Dilemma-Situationen finden sich allerdings in jeder Art der Zusammenarbeit. Das Dilemma besteht jeweils darin, dass bei einer Wahl von zwei Alternativen die optimale Alternative ein für die Person schlechteres Ergebnis liefert als eine andere, aber für beide Partner günstige Ergebnisse produziert. Wählen jedoch beide Partner die nur für sie selbst günstige Alternative, erleiden beide einen Verlust. Das Gefangenen-Dilemma besteht darin, dass zwei Verbrechern im Rahmen der Kronzeugenregelung Strafminderung angeboten wird, wenn sie das Verbrechen gestehen und ihren Komplizen damit als Zeuge belasten. Das günstigste Ergebnis für beide Verbrecher ist für den Fall, dass sie getrennt voneinander eingesperrt sind und sich nicht absprechen können, nichts zu sagen – und natürlich darauf zu hoffen, dass keine weiteren Zeugen oder Beweise im Verlauf des Prozesses auftauchen. Im geschäftlichen Verhandlungskontext könnte ein Setting für ein solches Dilemma entsprechend wie in Tabelle 1 aussehen.

Tabelle 1:
Matrix zur Veranschaulichung einer Dilemma-Situation im Mixed-Motive-Setting

		Partei B	
		Kooperation	Wettbewerb
Partei A	Kooperation	+1.000 € / +1.000 €	+2.000 € / −2.000 €
	Wettbewerb	−2.000 € / +2.000 €	−1.400 € / −1.400 €

Aus der Konfiguration der Matrix im Gefangenen-Dilemma ist leicht ersichtlich, dass Personen in Situationen gemischter Motive also sowohl Verluste oder Gewinne für beide Seiten als auch Gewinne oder Verluste für nur eine Seite erzielen können. Es sind also *Lose-Lose-*, *Win-Win-*, *Lose-Win-*

Win-Win-Option: Gegenseitiger Profit bei Kooperation trotz Wettbewerb

und *Win-Lose*-Situationen möglich, je nachdem welches Verhalten einer der Partner wählt oder welche Strategie er oder sie einschlägt. Diese Konstellation erklärt, warum auch Wettbewerber in der Wirtschaft von gegenseitiger Kooperation profitieren können oder im umgekehrten Fall, bei Ausspielen des Wettbewerbs, sich nicht nur gegenseitig, sondern auch selbst schaden können. Es gibt viele Beispiele, die Kooperation im Wettbewerb zeigen. In Einkaufspartnerschaften realisieren beispielsweise Automobilkonzerne gemeinsame Preisvorteile. Durch benachbarte Ansiedlung von Geschäften in Einkaufszentren generieren Wettbewerber größere Kundenströme in ihren Geschäften. Im Gegenzug für einen Beitrag für ein Partnerprogramm und eine Abnahmeverpflichtung erhalten Unternehmer günstigere Rabattstaffeln oder Zusatzservices. In der Realität wird häufig allerdings auch gerne ein gegenseitig kompetitives Verhalten gewählt *(Lose-Lose)*, weil Verhandelnde oder Führungskräfte die positiven Effekte von Kooperation für unrealistisch halten oder dem Partner nicht trauen. Dadurch provozieren sie entsprechend einer sich selbst erfüllenden Prophezeiung negative Ausgänge und bestätigen sich damit natürlich wieder selbst (Regnet, 2007).

Fehlendes Vertrauen führt zu Verlusten

Erweiterung des Möglichkeitsraums

Die Möglichkeit des Gewinns für beide Seiten erweitert die klassischen distributiven Theorien in Richtung von Verhandlungsresultaten, die vor Beginn der Verhandlung außerhalb des Möglichkeitsraums beider Verhandlungspartner standen (vgl. Abbildung 4).

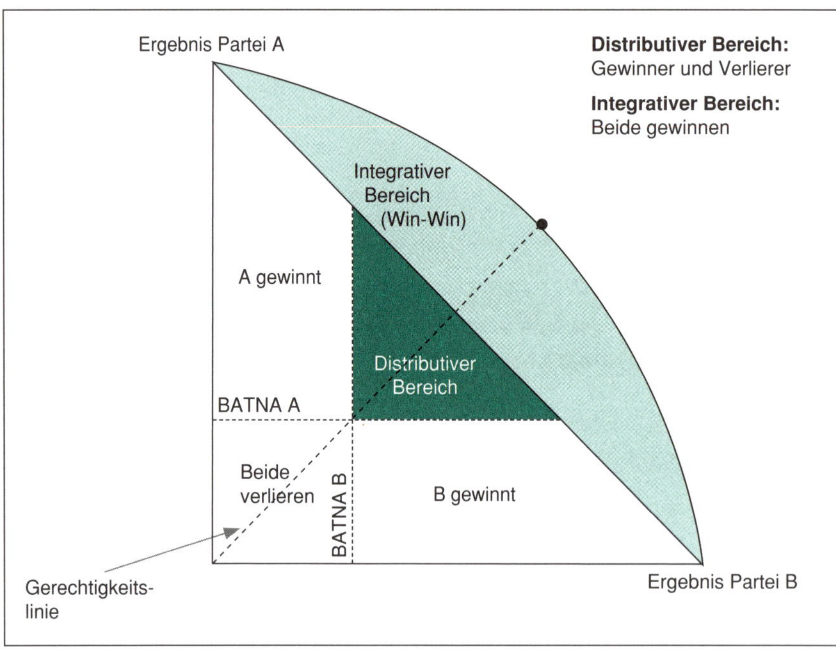

Abbildung 4:
Integrative Verhandlung und Win-Win-Bereich (modifiziert nach Saner, 2008)

Die Reaktionen von Menschen mit kooperativer und kompetitiver Zielstruktur, die sich in Faktoren der Kommunikation, der Wahrnehmung, der Einstellung und der Art der Behandlung der Aufgabe zeigen, beeinflussen das potenzielle Ergebnis in einer Verhandlung (vgl. Tabelle 2). Diese Faktoren stimulieren sich in mehreren Episoden in Verhandlungen jeweils gegenseitig (Thomas, 1992).

Einfluss kooperativer oder kompetitiver Ziele auf Ergebnisse

Tabelle 2:
Einflussfaktoren und Ergebnisse nach unterschiedlicher Zielstruktur in Verhandlungen (nach Frank & Frey, 2002)

Einflussfaktoren	Kooperative Zielstruktur	Kompetitive Zielstruktur
Kommunikation	– konstruktive Kontroversen – wechselseitige Transparenz – Offenheit – Überzeugungsmethoden	– Vermeiden von Diskussion – absichtliche Fehlinformation – Versuch, Zwang und Macht auszuüben
Wahrnehmung	– Betonen von Gemeinsamkeiten – Konvergenz von Ansichten – Unterstellung positiver Absichten	– Betonen von Unterschieden – Schwarz-Weiß-Wertungen („ich bin gut, du bist schlecht") – Unterstellung negativer Absichten
Einstellung	– freundlich/fair – vertrauensvoll – hilfsbereit/interessiert	– feindselig – misstrauisch – ausbeutend/manipulativ
Aufgabenbearbeitung	– effizient (proaktives Verhalten, gegenseitiges Mitdenken)	– ineffizient (doppelte Bearbeitung, Wiederholungen, längere Dauer)
Ergebnisse hinsichtlich:		
Aufgabe	– qualitativ hochwertige Entscheidungen – hohe Produktivität	– qualitativ minderwertige Entscheidungen – geringe Produktivität
Beziehung	– Bestätigung – Zufriedenheit – wechselseitiger Erfolg – Vertrauen	– Frustration – Feindseligkeit – Rache – Misstrauen

Das Grundgesetz sozialen Austauschs

Auf eine Formel reduziert fasst Deutsch diese Situation in seinem *„crude law of social relationships"* zusammen: Kooperation führt zu Kooperation, Kompetition führt zu Kompetition (Frank & Frey, 2002). An anderen Stellen hält er fest:

- „Konflikte, in denen entschieden werden soll, wer leidet, sind schwieriger zu lösen, als Konflikte, in denen entschieden werden soll, wer gewinnt" (Deutsch, 1976, S. 50).
- „Verhandlungen, die Interessenkonflikte betreffen, führen in dem Maße zu angemessenen Ergebnissen, in dem sie im Rahmen kooperativer Beziehungen stattfinden" (Deutsch, 1976, S. 189).

Bewertung des Verhaltensmodells: Kooperative Zielstruktur bedingt wirksam

Es ist nachvollziehbar, dass auch Forschungsergebnisse die Vorteile von grundsätzlich kooperativen Zielstrukturen deutlich unterstützen können (De Dreu, Weingart & Kwon, 2000). Dies stimmt umso mehr dann, wenn die Person auch auf die Merkmale pocht, die sich aus der Kooperation ergeben. Ein unbedingtes kooperatives Verhalten, egal wie sich der Verhandlungspartner verhält, ist also nur bedingt zielführend. Im kooperativen Verhandeln gilt es also auch, in Bezug auf Angebote im wechselseitigen Interesse zu widersprechen oder Forderungen zu stellen (Brehm et al., 1999). Im normativen Sinne lässt sich aus den theoretischen Postulaten der Theorie neben der Empfehlung, die eigene Zielstruktur im Hinblick auf das mögliche Ergebnis zu prüfen, eine Austausch-Strategie (*„Tit-for-Tat"*, Axelrod, 2005) in Verhandlungen ableiten. Demnach sollte ein Verhandlungspartner mit der kooperativen Strategie beginnen und diese beibehalten, solange der Verhandlungspartner sich auch kooperativ verhält. Sobald ein Verlust für die eigene Partei durch den Gegner verursacht wird, ist unmittelbar mit kompetitivem Verhalten oder Forderungen deutlich zu machen, dass das gegnerische Verhalten nicht akzeptiert wird.

„Tit-for-Tat": Vertrauen und Fordern

Auge um Auge: „Tit-for-Tat"-Strategie
(modifiziert nach Saner, 2008)

Definition: Beginne mit Zusammenarbeit und tu danach immer das, was der andere tut.

Weitere Regeln:
- Sei nett, beende die Zusammenarbeit nie zuerst.
- Sei herausforderbar und reagiere unmittelbar, wenn der andere nicht kooperiert.
- Sei versöhnlich und gehe nach der Konfrontation wieder zur Kooperation über.
- Sei konsequent, klar und berechenbar in deinem Verhalten, versuche keine Tricks.

In Verhandlungen ist diese Strategie besonders dann relevant, wenn mehrere Treffen stattfinden und eine künftige Zusammenarbeit mit dem Verhandlungspartner angestrebt wird. Dann nämlich hilft sie, Kooperation zu erzeugen, Vertrauen und eine langfristige Beziehung zu entwickeln und zu festigen und für beide Verhandlungspartner im wechselseitigen Interesse positive Ergebnisse zu erzielen. Auch lerntheoretisch lässt sich diese Theorie nach Prinzipien von Verstärkern und erwarteter positiver Ergebnisse bei entsprechender Verhaltenssteuerung stützen (Spieß, 2004). Allerdings stellen Dilemma-Situationen meist nur einen isolierten Ausschnitt eines Ganzen dar und vereinfachen reale Verhandlungsgelegenheiten. Häufig sind nämlich die Alternativen und Konsequenzen zu Beginn einer Verhandlung nicht vollständig bekannt.

2.3 Kommunikationstheoretischer Ansatz: Diskursmodell

Kommunikation in Prozess- und Phasenmodellen

Diskursmodelle beleuchten zwei wesentliche Aspekte in Verhandlungen: Den Verhandlungsprozess als solchen und den Einsatz von Sprache im Rahmen dieses Prozesses. Demnach sind in Modellphasen unterschiedliche sprachliche Augenmerke relevant. Gleichzeitig betonen Prozess- oder Phasenmodelle die Wichtigkeit der gemeinsamen Verhandlungs-Historie, die in Denken und Sprache eingebunden wird (Morley, 2006). Entsprechend ist es eine der Herausforderungen zur Entscheidungsfindung in einer Verhandlung, eine verbale Formel zu finden, die die Gegenwart mit den Erlebnissen oder dem Informationsaustausch der Vergangenheit und den resultierenden Vereinbarungen für Handlungen in der Zukunft verknüpft (Zartman, 1977). Für Kommunikationsmodelle ergeben sich daraus drei Anwendungsgebiete (Morley, 2006):

Anwendungsgebiete: Rhetorik, Beziehung, Prozess

- *Wirkmechanismen rhetorischer Argumente:* Gemäß der Verhandlungsphasen müssen die Argumente für die Verhandelnden gefühlt Sinn ergeben. Gespräche sollten sich also auf Einsicht im Sinne eines Rationals für die Verhandelnden konzentrieren.
- *Qualität der Beziehung und des persönlichen Netzwerks:* Das Aufbauen einer Beziehung durch Austausch von Information, Ressourcen und Unterstützung prägt den Verlauf und bestimmt die Phasen in Verhandlungen.
- *Prozess und Organisation der Lösungsfindung:* Die Verantwortung, den Prozess zu steuern oder die Verhandlung entsprechend des Prozessschritts zu managen, liegt bei den Verhandlungspartnern.

Struktur von Phasenmodellen

Die typische Struktur in Phasenmodellen folgt dem Dreischritt nach Douglas (1962) in Abbildung 5.

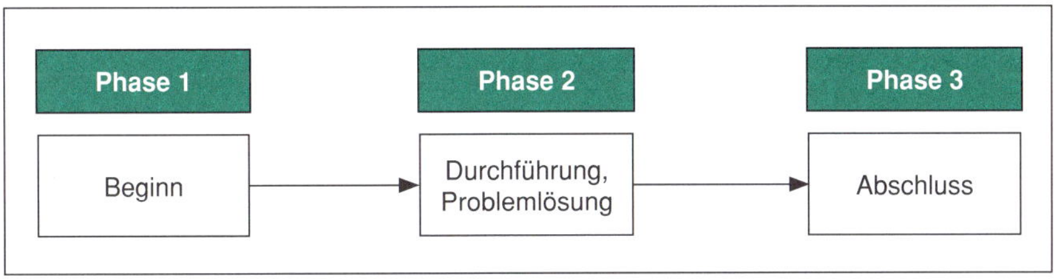

Abbildung 5:
Verhandlungsphasen nach Douglas (1962)

Etwas ausführlicher formuliert Greenhalgh (2001) normativ einen siebenstufigen idealen Verhandlungsablauf (vgl. Abbildung 6). Das Gewicht, das ein Verhandelnder auf die unterschiedlichen Phasen legt, ergibt sich aus der Qualität der Beziehung der Verhandlungspartner, der Passgenauigkeit und schließlich auch der Zufriedenheit mit der Lösung und der künftigen Verhandlungsbereitschaft. Die sieben Schritte lassen sich den drei oben definierten Phasen zuordnen (Beginn: Phase 1, 2, 3; Durchführung: Phase 4, 5; Abschluss: Phase 6, 7).

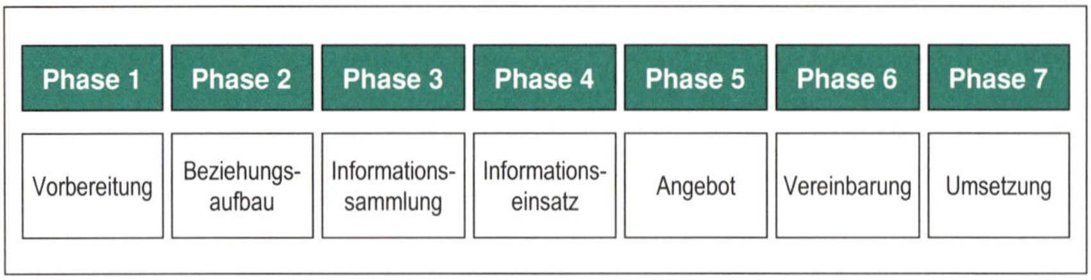

Abbildung 6:
Phasenmodell von Verhandlung nach Greenhalgh (2001)

Es gibt eine Vielzahl solcher Phasenmodelle, die alle das Ziel haben, Verhandlungsprozesse zu beschreiben oder daraus Handreichungen für überzeugendes Verhandeln abzuleiten. Lewicki et al. (2006) haben unterschiedliche Bezeichnungen aus sowohl normativen als auch deskriptiven Phasenmodellen gesammelt und gegenübergestellt, die als Synonyme dienen und beim Klassifizieren von Verhandlungsschritten helfen können (vgl. Tabelle 3).

Tabelle 3:
Bezeichnungen von Stufen in Phasenmodellen von Verhandeln
(mit Quellen nach Lewicki et al., 2006)

Phasen	Normative Modelle		Deskriptive Modelle	
Beginn	Erkundung	Atkinson (1980)	Entwicklung des Einigungsraums	Douglas (1962)
	Voraussetzungen	Carlisle & Leary (1981)	Bestimmung von Arena, Agenda und Verhandlungsgegenstand	Gulliver (1979)
	Diagnose	Zartman & Berman (1982)	Definition und Formulierung des Problems	Putnam, Wilson & Turner (1990)
	Einführung und Beziehungsaufbau	Donohue, Kaufman, Smith & Ramesh (1990)		
Durchführung	Erwartungsstruktur, Bewegung, Lösungsentwicklung	Atkinson (1980)	Erkunden des Einigungsraums	Douglas (1962)
	Positionierung, Verhandlungsvorstoß	Carlisle & Leary (1981)	Eingrenzen des Verhandlungsspielraums	Gulliver (1979)

Tabelle 3 (Fortsetzung):
Bezeichnungen von Stufen in Phasenmodellen von Verhandeln
(mit Quellen nach Lewicki et al., 2006)

Phasen	Normative Modelle		Deskriptive Modelle	
Durchführung	Formulierung	Zartman & Berman (1982)	Beschränken der Unterschiede	Putnam, Wilson & Turner (1990)
	Problemklärung und Beziehungsentwicklung, Problemlösung	Donohue, Kaufman, Smith & Ramesh (1990)		
Abschluss	Schlussfolgerung	Atkinson (1980)	Herbeiführen der Entscheidung	Douglas (1962)
	Beilegung	Carlisle & Leary (1981)	Abschlussgespräch, Zeremoniell, Ausführung	Gulliver (1979)
	Detaillierung	Zartman & Berman (1982)	Testen, Vereinbaren, Umsetzen	Putnam, Wilson & Turner (1990)
	Lösungsstrukturierung	Donohue, Kaufman, Smith & Ramesh (1990)		

Austausch von Information und Kommunikation als Basis

In einem umfassenden Phasenmodell, das sich in vier zeitliche Abschnitte gliedert, integrieren Hüffmeier und Hertel (2012) anhand von phasenspezifischen Leitfragen den Verhandlungsprozess und konkrete Empfehlungen. Dadurch werden häufig recht abstrakt bleibende Empfehlungen aus der bisherigen Forschung nutzbar gemacht und entlang einem Verhandlungsverlauf geordnet. Die vier Phasen sind (1) die Vorbereitung auf die Verhandlung, (2) die Vergrößerung des Lösungsraums, (3) Forderungen in der Verhandlung und (4) der Verhandlungsabschluss. Im Vergleich zum Modell in Abbildung 5 ist hier lediglich die Durchführung in Lösungsraum und Forderung unterteilt. Das ausführliche Modell mit den zugehörigen Leitfragen wird in Abbildung 7 dargestellt.

Phasenspezifische Leitfragen

Kommunikative Kompetenz ist in allen Phasen von Verhandlungen gefordert. Es gibt Ansätze, für jede Phase entsprechende Empfehlungen zu geben und auf Risiken hinzuweisen (z. B. Lewicki et al., 1998). Besonders wichtig ist in diesem Zusammenhang der Umgang mit Information. Im sogenannten Johari-Fenster (benannt nach den Vornamen der amerikanischen Sozialpsychologen Joseph Luft und Harry Ingham, 1955), das auch in Gebieten zur Beschreibung von Gruppendynamiken, Feedback-Prozessen oder Persönlichkeitsentwicklung zum Einsatz kommt, kann die Verteilung von Information zwischen zwei Gesprächspartnern dargestellt werden (vgl. Abbildung 8).

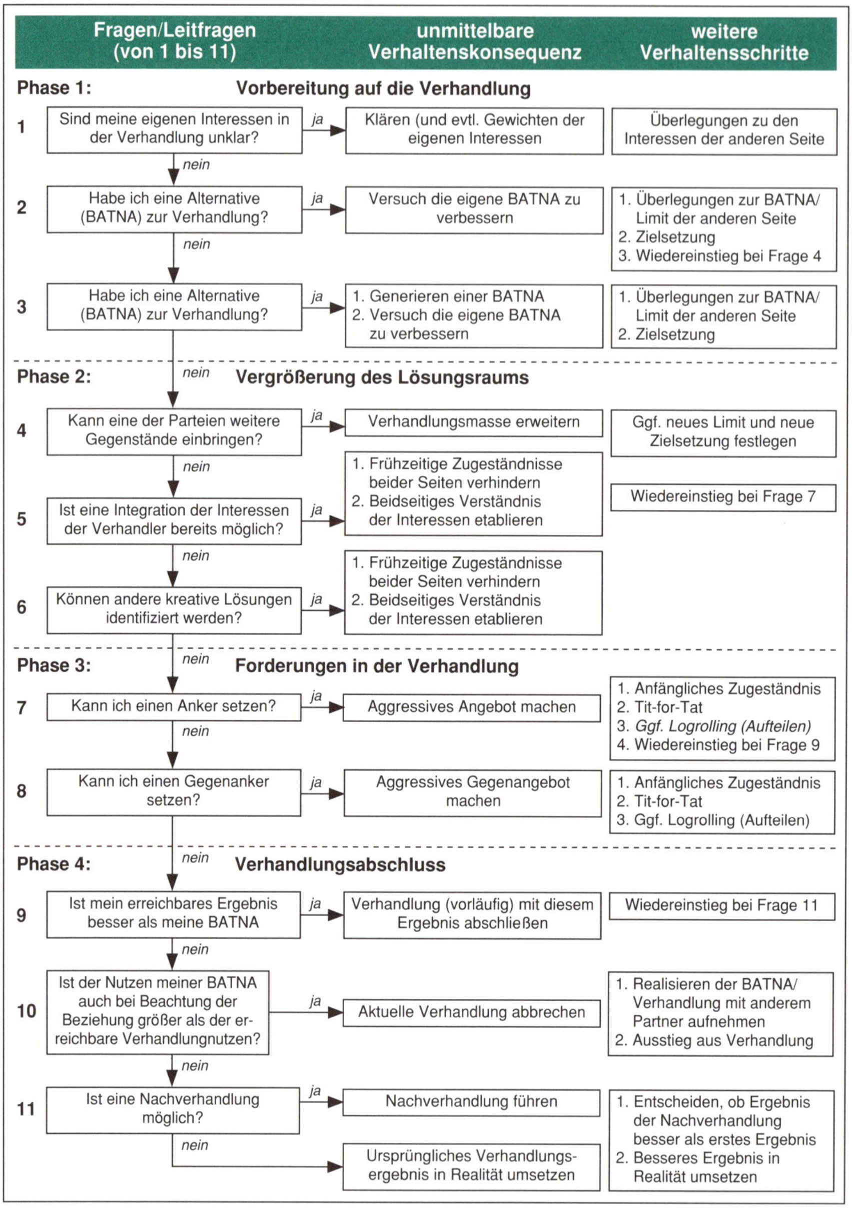

Abbildung 7:
Phasenmodell und Leitfragen der Verhandlungsführung (nach Hüffmeier & Hertel, 2012)

Johari-Fenster als Maß für Informationsverteilung

Nach dem Johari-Fenster ist es Ziel in einer kooperativen Verhandlung, in einzelnen Schritten möglichst viel relevante Information mitzuteilen und im Gegenzug viel vom Gegenüber zu erfahren, um den Bereich der Verhandlungs-Arena zu maximieren, also das Feld der Arena nach unten und nach rechts zu

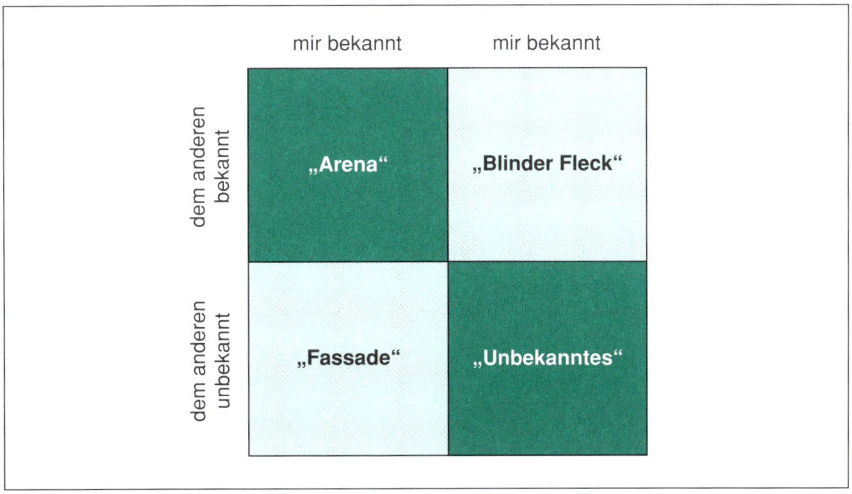

Abbildung 8:
Das Johari-Fenster zur Beschreibung von Informationsverteilung

vergrößern. Denn nur dort wird verhandelt. Ein Verkäufer, der etwas über seinen Verhandlungspartner, beispielsweise einen potenziellen Kunden oder Geschäftspartner, erfahren möchte, sollte viele qualifizierende Fragen stellen und im Gegenzug auch im gegebenen Maße für den Gesprächspartner Antworten auf dieselben oder ergänzende liefern. Da so für beide Parteien wertvolle Informationen ausgetauscht und gewonnen werden, lassen sich dann auch Lösungen entwickeln, die zu Beginn einer Verhandlung noch im für beide Gesprächspartner unbekannten Bereich liegen. Dabei ist der Einsatz von Sprache von Wert. In jeder Phase einer Verhandlung bieten sich bestimmte Fragen und Formulierungen an. In einem dreistufigem Prozess im Johari-Fenster verteilen sich die Felder von Fragen und Mitteilen wie in Abbildung 9 stilisiert. Die Methodik hilft dabei, dass durch gezielten Einsatz viel Information über den anderen gewonnen werden kann und Klarheit über die eigenen Interessen besteht.

Fragen und Mitteilen zum Erweitern gegenseitiger Kenntnisse

Bewertung von Diskursmodellen: Bewusstheit für Wirkung von Sprache

Die vorgestellten Stufen- oder Phasenmodelle sind zumeist präskriptiv und helfen, einen Verhandlungsprozess zu gliedern und einzelne Schritte entsprechend der Chronologie von Verhandlungen zu verstehen. Darüber hinaus setzen viele Handreichungen inhaltslogisch genau daran an und geben entsprechende Vorschläge und Hinweise für bestimmte Stufen. Wertvoll für die Interaktion miteinander sind in diesem Zusammenhang die Wirkung von Sprache und entsprechende sprachliche Formulierungs- und Einbettungsempfehlungen, die auch die gemeinsame Situation, Vergangenheit und künftigen Möglichkeiten betrachten. In der Forschung werden Prozessmodelle meist zur Ordnung einzelner Aspekte genutzt. Jüngere informationstheoretische Ansätze (z.B. die Montreal-Taxonomie für elektronische Verhandlungen) integrieren beispielsweise die Johari-Fenster-Aspekte von öffentlicher und privater Information mit dem Phasenablauf von Information (vgl. Gimpel, 2007).

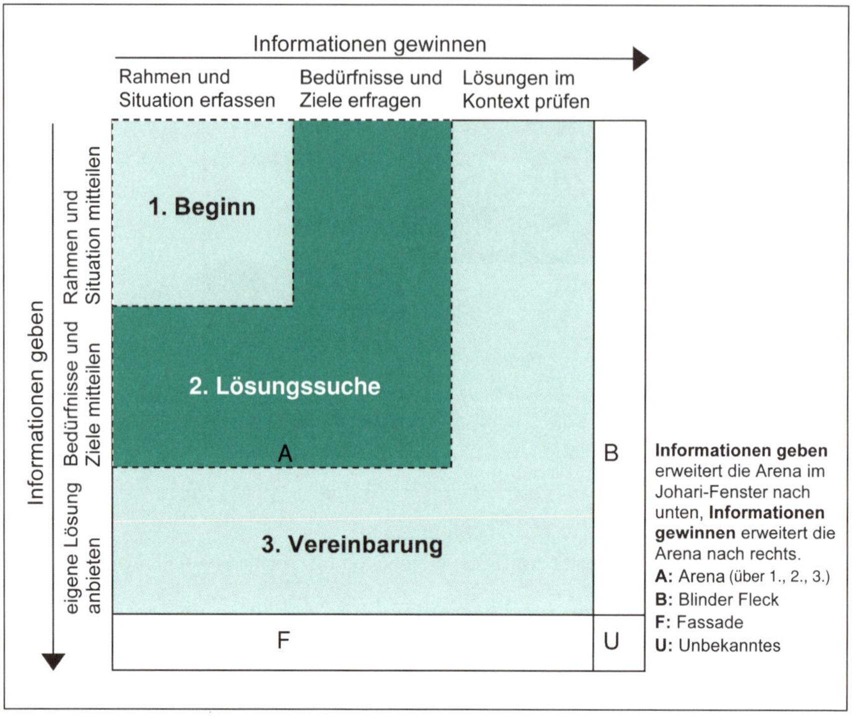

Abbildung 9:
Informationsmanagement und Verhandlungsphasen mit dem Johari-Fenster (adaptiert nach Saner, 2008)

2.4 Allgemeinpsychologischer Ansatz: Motivationsmodell

Soziale Motive im Dual-Concern-Model

Gemäß dem Motivations-Paradigma zum Verhandeln beeinflussen persönliche Grundorientierungen und Motive der Verhandlungspartner die Verhandlungsergebnisse – in Teilen auch vermittelt durch die Wahl der Strategien und Taktiken. Die Annahme eines solchen Modells fußt also auf der Bedingung und Gegebenheit, dass sich Menschen in ihren sozialen Motiven unterschieden (Frank & Frey, 2002). Ein bedeutender Vertreter dieses Ansatzes ist das Modell der zwei Anliegen *(„Dual-Concern-Model")* von Pruitt und Rubin (1986). Wesensmerkmale dieses Modells sind, dass das Interesse am eigenen Ergebnis *(„self concern")* unabhängig vom Interesse am Ergebnis des anderen *(„other concern")* ist, und dass beide Interessensarten gleichzeitig vorhanden sein können. Anders als in distributiven Modellen wird die Verteilungsdimension also nicht als eindimensional, sondern als mindestens zweidimensional, begriffen. Insofern stellt das Modell der zwei Anliegen eine Kombination und motivationale Fortführung sozialpsychologischer Dilemmamodelle mit dem Verhaltensgitter von Blake und Mouton (1968) dar, das im Führungskontext nach Personenorientierung und Leistungsorientierung differenziert und entsprechendes Führungsverhalten ableitet (vgl. Neuberger, 2002). Eine Führungskraft zeichnet sich demnach dadurch aus, wie stark sie gleichermaßen auf die Mitarbeiter als Personen und auf die Aufgabe als Zielsetzung geprägt ist und dies in ihrem Führungshandeln umsetzt. Die beiden Grunddimensionen des Modells im Kontext von Verhandeln sind Kooperation (integrative Dimension) und Eigeninteresse (distributive Dimension). Diese führen je nach Ausprägung zur Wahl unterschiedlicher Verhandlungsstrategien (Thomas, 1992). Als Kombination aus Anpassung und Kooperation ergibt sich für die Kompromiss-Strategie eine Zwischenstellung. Abbildung 10 klassifiziert die Verhandlungsstrategien entsprechend der Ausprägungen des Interesses mit unterschiedlich gebräuchlichen Synonymen.

Zwei Grunddimensionen: Kooperation und Eigeninteresse

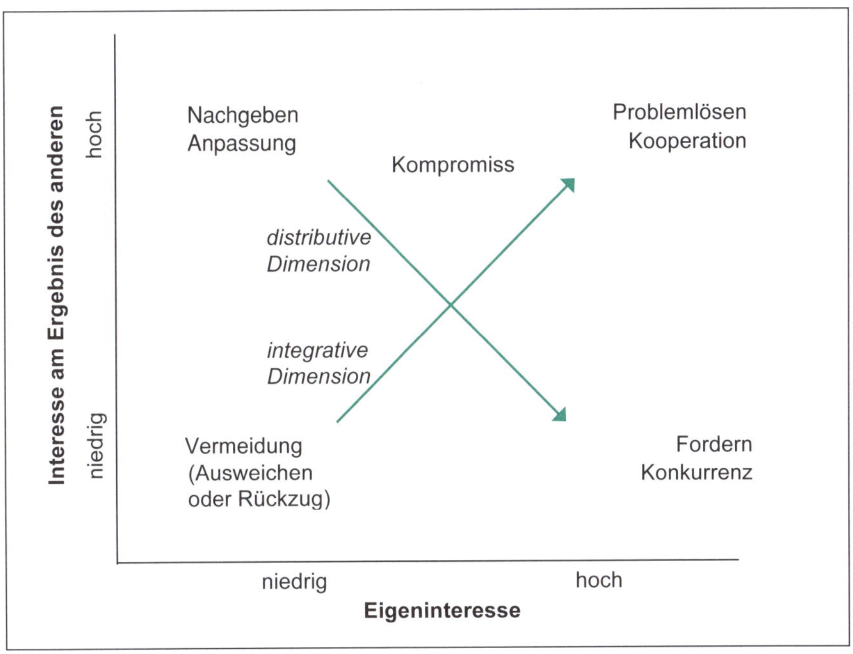

Abbildung 10:
Dual-Concern-Model (angelehnt an Carnevale & Pruitt, 1992; Thomas, 1992)

Das Modell kann deskriptiver, also beschreibender, Prüfung grundsätzlich standhalten (z. B. De Dreu et al., 2000), liefert jedoch auch wertvolle Ergebnisse im normativen Sinn, da sich daraus Hinweise für die Entwicklung einer eigenen Verhandlungsstrategie ableiten lassen. Die Frage, ob solche Modelle der zwei Anliegen kausale Modelle sind, die Aussagen über klare Ursache-Wirkungs-Zusammenhänge erlauben, wird von den

Vertretern unterschiedlicher Richtungen noch wissenschaftlich diskutiert. Außerdem ist unklar, in welchem Ausmaß die sozialen Motive als stabil gelten oder als situativ ausgelöst angenommen werden sollen (vgl. auch Abschnitt 2.2). Auch einen Wechsel von Verhandlungsstrategien während einer Verhandlung kann das Modell alleine nicht erklären (Frank & Frey, 2002). Normative Modelle schlagen teilweise gerade einen solchen sogar vor (so ergeben sich bei Einsatz der 5 Strategien 16 verschiedene Möglichkeiten des Strategien-Wechsels, vgl. Saner, 2008). Sicher ist, dass die Dimensionen helfen, um Verhandlungsverhalten zu klassifizieren und zu beschreiben. Auch die Interaktionen aus unterschiedlicher Strategienwahl von Verhandlungspartnern lassen sich mit diesem Modell ableiten und erklären (siehe Tabelle 4).

Bewertung von Modellen der zwei Anliegen: Methode zur Strategienwahl

Tabelle 4:
Mögliche Interaktionen zwischen verschiedenen Verhandlungsstrategien (Lewicki et al., 1998)

	Kompromiss	Kooperation	Konkurrenz	Anpassung	Vermeidung
Vermeidung	Der Kompromiss-Suchende zeigt Interesse sowohl an Resultaten als auch an der Beziehung; der Vermeidende versucht, zu flüchten. Der Kompromiss-Suchende könnte aufgeben oder ihm entgegenkommen.	Der Kooperierende bemüht sich sehr um den Ausgang der Verhandlung wie um die Beziehung, während der Vermeidende versucht zu fliehen. Der Kooperierende könnte aufgeben.	Der Konkurrent wird dominieren oder der Vermeidende wird die Flucht ergreifen. Der Vermeidende versucht, die Interaktionen zu minimieren, während der Konkurrent versucht, seine Ansprüche zu verwirklichen.	Der Anpassende achtet stark auf den Vermeidenden, besonders aber auf die Beziehung. Der Vermeidende versucht, die Interaktion zu minimieren.	Beide Parteien vermeiden es, ihre Punkte und Ziele zu verfolgen, und sind nicht aktiv – aus Angst, die Beziehung zu gefährden.
Anpassung	Der Kompromiss-Suchende zeigt Interesse sowohl an Ergebnissen als auch an der Beziehung. Der Anpassende versucht, den Kompromiss-Suchenden zufriedenzustellen. Die Beziehung wird sich verbessern. Der Kompromiss-Suchende könnte den Anpassenden dazu bringen, sich auf bestimmte Punkte zu konzentrieren.	Der Kooperierende interessiert sich sehr für beide Ziele: den Verhandlungsausgang und die Beziehung. Der Anpassende versucht, den Kooperierenden zufriedenzustellen. Die Beziehung sollte sehr stark sein, aber der Kooperierende könnte bessere Ziele erreichen.	Der Konkurrent versucht, seine Ziele und den gewünschten Verhandlungsausgang zu erreichen, während der Anpassende versucht, den Konkurrenten zufriedenzustellen. Der Konkurrent gewinnt meist.	Beide Parteien vermeiden es, ihre Punkte und Ziele zu verfolgen; sie geben dem anderen nach und versuchen, Beziehungs-Interessen feinfühlig zu behandeln.	

Tabelle 4 (Fortsetzung):
Mögliche Interaktionen zwischen verschiedenen Verhandlungsstrategien
(Lewicki et al., 1998)

	Kompromiss	Kooperation	Konkurrenz	Anpassung	Vermeidung
Konkurrenz	Der Kompromiss-Suchende zeigt Interesse an Ergebnissen und der Beziehung, während der Konkurrent nur die Ziele verfolgt. Der Konkurrent gewinnt gewöhnlich und die beiden Parteien treten in Wettbewerb.	Der Kooperierende interessiert sich für die Ergebnisse und die Beziehung, während der Konkurrent nur die Ergebnisse verfolgt. Der Konkurrent gewinnt meist und beide Parteien treten in Wettbewerb.	Beide Parteien verfolgen ihre Punkte und Ziele und ignorieren die Beziehung völlig; sie schaffen Konflikte, Misstrauen und Feindschaft.		
Kooperation	Der Kompromiss-Suchende zeigt etwas Interesse, der Kooperierende zeigt starkes Interesse an Ergebnissen und Beziehung. Mindestens ein guter Kompromiss – wenn nicht sogar mehr – ist möglich.	Beide Parteien verfolgen ihre Ziele, zeigen viel Interesse an den Zielen des anderen und daran, Vertrauen, Offenheit und eine gute Beziehung aufrecht zu erhalten.			
Kompromiss	Beide Parteien verfolgen ihre Ziele hinsichtlich des Verhandlungsausgangs in begrenztem Maß und versuchen, die Beziehung nicht zu gefährden.				

Letztlich kann jeder Verhandelnde auch prüfen, wie die eigenen Motive sind und wie sich aus diesem Modell entsprechende Strategien ableiten. Ist beispielsweise ein gutes absolutes Ergebnis wichtig, dann sind die Strategien von Zusammenarbeit oder Wettbewerb von Relevanz. Wenn positive Beziehungsergebnisse Ziel der Verhandlung sind, dann leiten sich Zusammenarbeit oder Nachgeben ab. Die Strategien der Kooperation (im gemeinsamen Konsens) oder, wenn dies nur in Teilen möglich ist, dann ein beiderseitiges gezieltes Nachgeben (als gemeinsam erzielter Kompromiss), versprechen allgemein die besten und konstruktivsten Ergebnisse im kooperativen Sinne. Diese Entscheidungsmatrix ist in Tabelle 5 dargestellt. Diese Modelle empfehlen entsprechend integrative Ansätze. In un-

Konsens als Ziel

terschiedlichen Studien fanden sich auch Belege für die Vorteile von fairem, rücksichtsvollem Verhalten für das Gesamtergebnis (Frank & Frey, 2002).

Tabelle 5:
Entscheidungsmatrix zu Strategien gemäß zwei Orientierungen (Lewicki et al., 2006)

		Ergebnis in der Beziehung wichtig?	
		nein	ja
Absolutes eigenes Ergebnis wichtig?	ja	Wettbewerb	Kooperation
	nein	Vermeidung	Anpassung

Das Harvard-Konzept: Prinzipienbestimmtes Verhandeln

Seine klassische Anwendung findet das Dual-Concern-Modell in den normativen Ableitungen, die das verbreitete *Harvard-Konzept* als Strategie prinzipienbestimmter Verhandlungsführung für kooperatives Verhandeln empfiehlt (Fisher et al., 2006). Dort nämlich wird eine klare Trennung von Person und Sache empfohlen. Bei weichem Umgang mit den Eigenheiten des anderen, aber hartem Umgang mit den Grundprinzipien in der Sache, lässt sich gemäß der Vertreter dieses Ansatzes Kooperation erzielen („Getting to Yes", Fisher, Ury & Patton, 1991) und Ablehnung überwinden („Getting past No", Ury, 1991). Die Prinzipien sind unmittelbar umsetzbar, wenngleich ihnen eine deutliche konstruktive und ebenso konsequente Grundhaltung vorausgesetzt wird, die meistens etwas Übung bedarf, wenn sie nicht im Gewohnheitsradius des Verhandelnden liegt.

Die Prinzipien des Harvard-Konzepts und Verhaltenshinweise (Fisher et al., 2006)
1. Menschen: Trenne Personen und Sachprobleme
– Kein Test von Willensstärke – Zulassen und Benennen von Gefühlen – Klare Verständigungsmechanismen (aktives Zuhören, gegenseitiger Respekt, Diskussion über den Verhandlungsgegenstand statt über Mängel der Gegenseite)
2. Interessen: Fokussiere auf Verhandlungsinteressen, nicht Positionen
– Keine Positionsmacht – Für jedes Grundinteresse mehrere Positionen als Hintergrund möglich – Klarstellen der Interessen

3. Optionen: Suche nach Lösungsmöglichkeiten zu beiderseitigem Nutzen
– Größten gemeinsamen Gesamtnutzen finden – Das Gesamtbild betrachten bei Streit über Verschiebung eines Teilnutzens – An den anderen denken
4. Kriterien: Nutze objektive, neutrale Entscheidungskriterien
– Transparenz – Fairness – Messbarmachen des Verhandlungsergebnisses

Die Trennung von Sache und Person (Prinzip 1) und der Fokus auf Interessen (Prinzip 2) bedürfen einer besonders intensiven Beschäftigung mit dem Gegenüber. In der Anwendung erfordert dies viele Fragen, kreative Methoden zur Erforschung der Interessen des anderen (z. B. vorbereitende Brainstormings, Rollenspiele, o. Ä.), die Fähigkeit zu Perspektivenwechsel und meistens auch geduldiges und aktives Zuhören. Die Tabelle 6 gibt weitere Ansatzpunkte.

Exploration notwendig

Tabelle 6:
Sachgerechtes Verhandeln als Synthese aus weichem und hartem Verhandeln (angelehnt, zusammengeführt und erweitert aus Fisher et al., 2006; Lewicki et al., 2006; Thiele, 2006)

Aspekt	Weich verhandeln (Nachgeben, Verhandeln durch Anpassung)	Hart verhandeln (Wettbewerb, distributiv verhandeln)	Sachbezogen verhandeln (Harvard-Konzept, integrativ verhandeln)
Rollenverständnis	Teilnehmer sind Freunde	Teilnehmer sind Gegner	Teilnehmer sind Problemlöser
Zielverfolgung	Übereinkunft	Sieg	vernünftig, effizient und einvernehmlich
Modell	Niederlage-Sieg-Modell *(Lose-Win)*	Sieg-Niederlage-Modell *(Win-Lose)*	Sieg-Sieg-Modell *(Win-Win)*
Lösungserwartung	begrenzte Ressourcen	begrenzte Ressourcen	variable Verfügbarkeit von Ressourcen
Beziehung und Orientierung	Kurzzeitfokus (anderer gewinnt und Frieden wird erhalten) oder Langzeitfokus (anderer gewinnt und wird zu künftiger Gegenseitigkeit ermutigt)	Kurzzeitorientierung, keine Erwartung künftiger Zusammenarbeit	Langzeitorientierung, Erwartung künftig zusammenzuarbeiten
Grundmotivation	Ergebnis des anderen maximieren	eigenes Ergebnis maximieren	gemeinsames Ergebnis maximieren

Tabelle 6 (Fortsetzung):
Sachgerechtes Verhandeln als Synthese aus weichem und hartem Verhandeln (angelehnt, zusammengeführt und erweitert aus Fisher et al., 2006; Lewicki et al., 2006; Thiele, 2006)

Aspekt	Weich verhandeln (Nachgeben, Verhandeln durch Anpassung)	Hart verhandeln (Wettbewerb, distributiv verhandeln)	Sachbezogen verhandeln (Harvard-Konzept, integrativ verhandeln)
Sache und Beziehung	Konzessionen werden zur Verbesserung der Beziehung gemacht	Konzessionen werden als Voraussetzung der Beziehung gefordert	**Menschen und Probleme werden getrennt behandelt (Prinzip 1)**
Einstellung zu Person und Sache	weiche Haltung zu Menschen und Problemen	harte Haltung zu Menschen und Problemen	weich zu Menschen, hart und klar in der Sache
Vertrauen	Vertrauen zu den anderen	Misstrauen gegenüber den anderen, hohes Vertrauen in sich selbst	Verhandeln unabhängig von Vertrauen oder Misstrauen; Vertrauensvorschuss beider Parteien
Offenheit	eine Partei recht offen und verletzbar	zurückhaltend und abwehrend	aufgeschlossen, interessiert, aktives Zuhören, gemeinsame Lösungssuche
Positionen und Interessen	bereitwilliges Ändern der Position	Beharren auf der eigenen Position	**Konzentrieren auf Interessen, nicht auf Positionen (Prinzip 2)**
Kenntnis der Bedürfnisse	eine Partei sehr empfänglich für Bedürfnisse der anderen Partei; stellt eigene zurück	Verhandelnde kennen und verschleiern eigene Bedürfnisse; keine Partei gibt die wahren Bedürfnisse preis	Verhandlungspartner kennen und nennen wahre Bedürfnisse und suchen und reagieren auf Bedürfnisse der anderen
Transparenz	Verhandlungslinie wird offen gelegt	Verhandlungslinie bleibt verdeckt	Verhandlungslinie wird vermieden
Lösungsprozess	Angebote werden unterbreitet	Drohungen erfolgen	Interessen werden erkundet
Nachdruck	Nachgeben, um den anderen zu besänftigen	Drohen und Bluffen, um die Oberhand zu behalten	Information ehrlich teilen; respektvoller und verständnisvoller Umgang
Geben und Nehmen	einseitige Zugeständnisse werden um der Übereinkunft willen in Kauf genommen	einseitige Vorteile werden als Preis für die Übereinkunft gefordert	**Möglichkeiten für gegenseitigen Nutzen werden gesucht (Prinzip 3)**
Lösungsraum	Suche nach der einzigen Antwort, die die anderen akzeptieren	Suche nach der einzigen Antwort, die die eigene Partei akzeptiert	Suche nach unterschiedlichen Optionen, die zur Entscheidung dienen
Lösungssuche	Suche nach Wegen, um den anderen zufriedenzustellen	Bestreben, überzeugt zu wirken; Einsatz von Argumenten und möglicher Manipulation	Bemühen, gegenseitig zufriedenstellende Lösung zu finden; Einsatz von Kreativität
Zuverlässigkeit	Verhalten völlig vorhersagbar; ständige Reaktion auf den anderen	Verhalten unvorhersehbar; Überraschungen, um zu verwirren	Verhalten vorhersagbar und flexibel, wo nötig; kein Versuch zu überraschen
Lösung und Kriterien	Bestehen auf einer Übereinkunft	Bestehen auf der eigenen Position	**Bestehen auf objektiven Kriterien (Prinzip 4)**

Tabelle 6 (Fortsetzung):
Sachgerechtes Verhandeln als Synthese aus weichem und hartem Verhandeln (angelehnt, zusammengeführt und erweitert aus Fisher et al., 2006; Lewicki et al., 2006; Thiele, 2006)

Aspekt	Weich verhandeln (Nachgeben, Verhandeln durch Anpassung)	Hart verhandeln (Wettbewerb, distributiv verhandeln)	Sachbezogen verhandeln (Harvard-Konzept, integrativ verhandeln)
Durchsetzungsorientierung	Willenskämpfe werden vermieden	Willenskämpfe müssen gewonnen werden	Ergebnisse werden unabhängig vom jeweiligen Willen verfolgt
Umgang mit Druck	Starker Druck wird vermieden	Starker Druck wird ausgeübt	kein Druck; sachliche Argumente als Aktivierungspunkte; Offenheit und Vernunft gegenüber Argumenten
Erfolgsmaße	Minimieren oder Vermeiden von Konflikt; Besänftigen von Feindseligkeit; eigene Gefühle zugunsten von Harmonie zurückgestellt	Aufwerten des Erfolgs durch schlechtes Bild vom anderen; mehr Feindseligkeit; hohe Loyalität zur eigenen Partei	Loslösen von schlechten Bildern und Konzentrieren auf Lösungsideen und Nutzen
Abhilfe gegen Abbruch	Rückzug, um verhandlungsmäßigen Bankrott zu vermeiden	bei Stillstand mögliche Berufung eines Mediators oder Schlichters	bei Schwierigkeiten Moderator zur Behandlung von Gruppendynamiken
Merkmale einer Übersteigerung (ungesundes Extrem)	eine Partei verzichtet zugunsten des anderen vollständig auf alle Zielvariablen und trägt alle Kosten	eine Partei nimmt ein Nullsummen-Spiel an und es wird zum Ziel, dem anderen zu schaden	eine Partei gibt jegliches Eigeninteresse zugunsten des Gemeinwohls auf und verliert Identität und Selbstverantwortung

Als Methode zur Erweiterung einer gemeinsamen Informationsgrundlage können beispielsweise Ableitungen aus Abschnitt 2.3 (Johari-Fenster) dienen. In späteren Kapiteln werden damit verwandte Anwendungsbeispiele beschrieben (z. B. in Abschnitt 3.4.2).

Anforderung in verfahrenen Situationen

Wenn sich die Situation schwieriger oder verfahren gestaltet, verlagert sich die Verhandlung von Inhalten meistens auf die Verhandlung der Beziehung. Dann ist es wichtig, dass gezielt eine gewisse Stabilität und gegenseitige Berechenbarkeit angeboten wird und sich die Verhandlungspartner entsprechend authentisch und auf Augenhöhe begegnen (Salewski, 2010). In den Prinzipien des Harvard-Modells ist ein Verhandelnder dann besonders stark gefordert, (1) Personen und Sache deutlich zu trennen und (2) gleichzeitig die eigenen Interessen klar, transparent und explizit zu positionieren. Dabei treffen sich die Verhandelnden also gewissermaßen auf einer Meta-Ebene und können gemeinsame Ziele herausarbeiten und einfordern. Diese ehrliche und transparente, aber gleichzeitig deutlich fordernde Art des Verhandelns setzt voraus, dass Menschen gut zuhören und durch gezieltes Fragen die Situation des anderen genau erforschen. Salewski (2010) schlägt dazu vor, die Position und Argumente des anderen zunächst wörtlich, sinngemäß oder nachempfindend aufzugreifen. Im zweiten Schritt kann dann die Haltung des anderen durch unterschiedliche offene Fragen vertieft, geklärt oder mit notwendigen Handlungen erläutert werden, was zu weiterem Informationsgewinn dient. Daran knüpfen dann die Prinzipien 3 und 4 des Harvard-Modells wieder an. Auch die beiliegende Karte zur wirkungsvollen Einwandbehandlung nutzt dieses Prinzip.

Bewertung des Harvard-Modells: einfach und pragmatisch

Die Stärke des Harvard-Modells liegt in seiner Einfachheit und der Vermittlung direkter Hinweise zum Verhandeln. Wie viele präskriptive Modelle beruht auch dieses auf der Erfahrung von Verhandlungstheoretikern und Experten auf dem Gebiet. In Teilbereichen liegen Belege und Studien vor, die die Prinzipien stützen. Inwieweit diese generell wirken und wie umfassend damit in unterschiedlichen Situationen Nutzen generiert werden kann, gilt es zu prüfen (vgl. Voeth & Herbst, 2009).

2.5 Persönlichkeitstheoretischer Ansatz: Dispositionsmodell

Stabile Persönlichkeitsmerkmale im Eigenschaftsansatz

Im Vergleich zu motivationalen Ansätzen geht der persönlichkeitstheoretische Ansatz davon aus, dass bestimmte relativ stabile Eigenschaften und Dispositionen Einfluss auf das Verhandlungsverhalten von Personen haben. Sie beeinflussen dann entsprechend unmittelbar oder mittelbar Erfolge in geführten Verhandlungen. Besonders in den 60er und 70er Jahren des letzten Jahrhunderts bestanden Bemühungen, solche Eigenschaften wissenschaftlich zu isolieren und zu bestimmen, um Verhandlungserfolg vorhersagen zu können (Bazerman, Curhan, Moore & Valley, 2000). In dieser Zeit wurden jedoch nicht nur personenbasierte, sondern auch strukturelle Eigenheiten aus Situation und Kontext des Verhandelns ermittelt, die ebenfalls in der Lage waren, Bedingungen für Verhandlungserfolg darzustellen oder Verhandlungsergebnisse in Teilen vorherzusagen. Diese Entwicklung resultierte parallel zu Forschungen aus Führungstheorien in Kontingenzansätzen oder situativen Ansätzen für Verhandeln (zu Führungstheorien vgl. Neuberger, 2002).

Folgende gesicherte Erkenntnisse können sich Verhandelnde aus dieser Dispositionsforschung zunutze machen:

- Es gibt Eigenschaften der Person (Persönlichkeitsfaktoren, Einstellungen, Fähigkeiten), die erfolgreiche Verhandlungspersonen in bestimmten Situationen auszeichnen und zur Beschreibung helfen.
- Es gibt Eigenschaften der Situation, die bestimmte Persönlichkeitskonstellationen begünstigen, erfolgreicher zu verhandeln.

Verhandeln ist lernbar

- Verhandeln kann man grundsätzlich lernen, das heißt Persönlichkeit stellt nur einen Teil der Voraussetzungen für Verhandlungskompetenz dar. Ein anderer Teil besteht darin, die Situation richtig einzuschätzen und entsprechend des eigenen Eigenschaftsmusters bestimmtes Verhalten auszusteuern oder zu verstärken.

Lewicki, Saunders und Barry (2006) gliedern relevante Eigenschaften, anhand derer sich Personen im Verhandlungskontext unterscheiden lassen, nach Faktoren der Persönlichkeit, Einstellungen und Fähigkeiten:

Persönlichkeitsfaktoren, Einstellungen und Fähigkeiten
1. Persönlichkeitsfaktoren
– Risikofreude – Ambiguitätstoleranz (= Umgang mit Unsicherheit) – Soziale Wert-Orientierung (Kooperation vs. Wettbewerbsorientierung) – Selbstwirksamkeit und Selbstkontrolle (im Zusammenhang mit Selbstvertrauen und innerer Steuerung und Entschlossenheit) – Self-Monitoring und Feldabhängigkeit (= Selbstbeobachtung und Anpassung) – Machiavellismus = das Bestreben, ehrlich zu wirken und dafür zu manipulieren) – Angst vor Gesichtsverlust – Big Five-Persönlichkeitsdimensionen (im Einzelnen: Emotionale Stabilität, Extraversion, Offenheit für Neues, Gewissenhaftigkeit, Verträglichkeit)
2. Einstellungen
– Vertrauen – Konfliktmanagement-Stil (assertiv und kooperativ)
3. Fähigkeiten
– Verarbeitungskapazität (als Facette der Intelligenz) – Fähigkeit zur Perspektivenübernahme

Relevanz von Faktoren aus der Person

In wissenschaftlichen Untersuchungen finden sich zahlreiche Ergebnisse, die je nach Studie bestimmte Eigenschaften für Verhandlungserfolg empfehlen. Barry und Friedman (1998) konnten nachweisen, dass Eigenschaften der sogenannten Big-Five-Persönlichkeitsdimensionen je nach Verhandlungssituation unterschiedlichen Erfolg versprechen. Diese fünf Persönlichkeitsfaktoren (Extraversion, Gewissenhaftigkeit, Emotionale Stabilität, Offenheit für Neues und Verträglichkeit) sind gleichzeitig umfassend und kulturübergreifend zur Beschreibung von Persönlichkeitsunterschieden etabliert. So fand die Forschergruppe heraus, dass in distributiven Verhandlungen hohe Extraversion und Verträglichkeit zu schlechteren Ergebnissen führten, in integrativen Verhandlungen Persönlichkeit keinen Einfluss hatte – wohl aber kognitive Fähigkeiten.

Im Rahmen des Eigenschaftskonzepts werden soziale Motive als stabile persönliche Wertorientierungen oder Persönlichkeitsfacetten aufgefasst und als solche auch gemessen. Ein interessanter Befund dazu zeigt, dass kooperativ orientierte Personen und kompetitive Personen wenig Verständnis für das Verhalten des jeweils anderen in Verhandlungen zeigen. Allerdings werden auch innerhalb beider Gruppen Unterschiede der Person beschrieben, die mit dem beim Gegner wahrgenommenen persönlichen Wirkungsgrad korrelieren (Williams, 1993, zitiert nach Morley, 2006). Das heißt, beide persönliche Orientierungen (kooperativ versus kompetitiv) konnten je nachdem, welche Eigenschaften zusätzlich zum Tragen kamen, dazu führen, dass sich die Verhandelnden als effektiver wahrnahmen (vgl. Tabelle 7). Teilnehmer an der Studie waren reale Rechtsanwälte, die im Kontext ihrer Tätigkeit im Verhandeln beurteilt wurden.

Tabelle 7:
Eigenschaften von kooperativen und kompetitiven Personen nach eingeschätztem Wirkungsgrad (Williams, 1993, zusammengefasst nach Morley, 2006)

		Eigenschaften von Personen unterschieden nach der Orientierung	
		kompetitiv	kooperativ
Beschreibungen unabhängig von der Wirksamkeit		aggressiv, kämpferisch, selbst-fokussiert, inflexibel	vertrauenswürdig, moralisch, fair, höflich, sympathisch, taktvoll, aufrichtig
Beurteilte Wirksamkeit in Verhandlungen	effektiv	dominant, konsequent, angreiferisch, unrealistisch, intransparent, unehrlich	partnerschaftlich-fair, realistisch positionierend
	ineffektiv	irreführend, nachdrücklich, streitlustig, aggressiv, starr, egoistisch, eigensinnig, arrogant, intolerant, feindselig	vertrauensvoll, weich, entgegenkommend, verzeihend, intelligent, würdevoll, kontrolliert

Bewertung des Persönlichkeitsansatzes: Wechselwirkung von Person und Situation

Es lässt sich zusammenfassen, dass Verhandeln erlernbar, Persönlichkeit für Verhandeln jedoch durchaus relevant ist. Sie bestimmt das eigene Potenzial und repräsentiert gleichzeitig einen Einflussfaktor für bestimmte Einstellungen und Motive. Allerdings stellt in der Wechselwirkung des Verhaltens die Persönlichkeit in einer Verhandlungssituation nur einen Faktor von vielen dar (Behrmann, 2010). Eine erfolgversprechende Fähigkeit ist demnach, eigene Verhandlungsstile gezielt anpassen zu können, beispielsweise von einem kooperativen zu einem kompetitiven Stil zu wechseln, wenn die Situation dies erfordert (Morley, 2006). Insofern ist ein effektives Persönlichkeitsmanagement dazu von Nutzen, um möglichst unabhängig von Fremdbeeinflussung auftreten zu können und sich authentisch und gelassen auf die Themen einer anstehenden Verhandlung konzentrieren zu können. Im Kontext von Verhandeln helfen Persönlichkeitseigenschaften dabei, Grundorientierungen und persönliche Tendenzen im Verhandeln zu beschreiben. Eigenschaftsansätze betrachten jedoch in der Regel nur spezifische Aspekte von Verhandeln und fokussieren wenig auf den Prozess oder Kontext in Gesprächen und menschlicher Interaktion. Der Zusammenhang zwischen Eigenschaften und dem eigentlichen Verhandlungserfolg ist nicht zwingend kausal und linear (Jedesto-Aussagen). Zudem ist zu diskutieren, inwieweit die Beschreibungskategorien in Eigenschaftsansätzen Personenvoraussetzungen für Verhandlungserfolg im engeren Sinn betreffen. In der Auswahl von Verhandlungspersonen haben diese Facetten allerdings ihren Wert. Insgesamt gilt für die Forschung, die Persönlichkeitsfaktoren im Bereich von Verhandlungen noch genauer zu konzeptualisieren und zu bestimmen (Lewicki et al., 2006).

2.6 Kognitiver Ansatz: Modelle der Informationsverarbeitung

Kognitive Theorien der Überzeugung betrachten die Rolle menschlicher Informationsverarbeitung bei Entscheidungen bzw. Einstellungsänderungen. Bekannte Vertreter dieser Richtung sind die *Zwei-Prozess-Modelle*, die bereits in Kapitel 1 angesprochen wurden. Grundlage dieser Modelle ist, dass Menschen Informationen, die auf sie einströmen, unterschiedlich tief verarbeiten. Nun hängt die Art und Weise, welche Informationen und Argumente eine Person senden sollte und in welcher Art sie sie zum Überzeugen präsentieren sollte, davon ab, wie elaborativ sich ihr Gegenüber damit auseinandersetzt. Gemäß den Zwei-Prozess-Modellen gibt es einen zentralen und einen peripheren Weg der Informationsverarbeitung (Lewicki et al., 2006). Menschen nutzen bei hoher Motivation (z. B. persönliche Betroffenheit, eigenes Engagement und Involvement) und vorhandenen Kompetenzen (z. B. Vorwissen, notwendige Fähigkeiten) eine tiefere, elaborierte Verarbeitung (zentraler Weg). Im anderen Fall werden Informationen eher peripher verarbeitet und durch das Gehirn geleitet (vgl. Abbildung 11).

Zwei-Prozess-Modelle der Informationsverarbeitung

Nun gibt es verschiedene Hauptvertreter dieser Theorie: die *Elaborations-Wahrscheinlichkeitstheorie* von Petty und Cacioppo. Elaboration Likelihood Model – ELM, z. B. 1986) und das *Heuristisch-Systematische-Modell* von Chaiken (HSM, z. B. 1987). Zentraler Unterschied der beiden Annahmen ist die Frage, ob die Verarbeitungsprozesse exklusiv (ELM) oder parallel zueinander (HSM) aktiv sind (Bohner & Wänke, 2006). In der Anwendung im Verhandlungskontext ist es durchaus möglich, dass die beiden Modelle im Detail zu Ableitungen unterschiedlicher Reichweite führen. Besonderes Augenmerk für Prozesse des Überzeugens bei Verhandlungen gilt allerdings den Wirkbedingungen und Effekten in Bezug auf die Einstellungsänderung bei peripherer und zentraler Informationsverarbeitung und entsprechenden Schlussfolgerungen zur Anwendung (siehe Tabelle 8).

ELM: Das Elaborations-Wahrscheinlichkeitsmodell

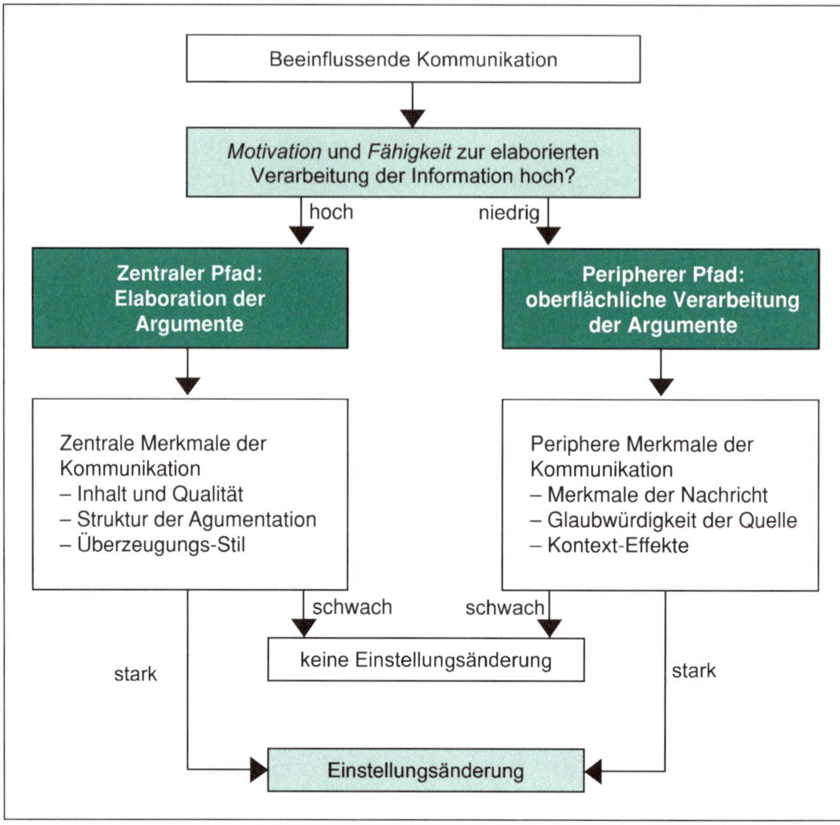

Abbildung 11:
Zwei-Prozess-Modell der Informationsverarbeitung (Lewicki et al., 2006)

Tabelle 8:
Wirkbedingungen und Empfehlungen bei zentraler und peripherer Informationsverarbeitung der Überzeugung (Lewicki et al., 2006)

Zentraler Pfad der Informationsverarbeitung	Peripherer Pfad der Informationsverarbeitung
Inhalt und Qualität der Argumente	Eigenschaften der Nachricht
– Attraktivität des Angebots für den Partner durch Beschreibung von Vorteilen – Formulierung mit Aufforderung, „ja“ zu sagen („Framing“) – wertende Adjektive im Sinne ethischer Normen („ehrwürdig“, „richtig“, „wertvoll“, „richtig“) – Zustimmungsregel vorab vereinbaren	– Reihenfolge-Effekte (Wichtiges zuerst oder zuletzt) – Format und Kanal (schriftlich ist verbindlicher) – Ablenkungen (aufwendiges Design und grafische Ausgestaltung, Darbietungstempo) – Anzahl der Argumente (in Maßen mehr wirkt stärker)

Tabelle 8 (Fortsetzung):
Wirkbedingungen und Empfehlungen bei zentraler und peripherer Informationsverarbeitung der Überzeugung (Lewicki et al., 2006)

Zentraler Pfad der Informationsverarbeitung	Peripherer Pfad der Informationsverarbeitung
Struktur der Argumente	Eigenschaften der Quelle der Argumente
– Zweiseitige Formulierung, die beide Perspektiven berücksichtigt – Unterteilen der Nachricht in Einzelteile und Komponenten, denen möglicherweise teilweise schon zugestimmt wurde – Wiederholungen – Schlussfolgerungen, Ableitungen, Logik-Formulierungen	– Glaubwürdigkeit (von Verhandler oder Referenz): persönlicher Ruf und Integrität, erster Eindruck, Erwähnen von keiner Notwendigkeit zu überzeugen, Verkleinern von Statusunterschieden, normales Auftreten, Verbindung mit wichtigen Namen („Name-Dropping"), wahrgenommene Expertise, Nachdruck und Beständigkeit – Attraktivität (von Verhandler oder Referenz): Freundlichkeit, Schmeicheln, gezeigte Zuneigung, kleine Unterstützung, wahrgenommene Ähnlichkeit, Einsatz von positiven Gefühlen – Autorität (von Verhandler oder Referenz)
Überzeugungs-Stil	Kontext- und Situations-Effekte
– zu aktiver Beteiligung des anderen am Gespräch ermuntern – Lebhafte und bildhafte Sprache einsetzen – Ängste adressieren – Erwartungen des Gegenübers verletzen	– Reziprozität (Appell an Gegenseitigkeit) – Verbindlichkeit (Verweis auf vorige Entscheidungen, da Gegenentscheidungen Dissonanzen auslösen würden) – Sozialer Vergleich (Referenzen, Testimonials, Einschätzungen über den Nutzen bei anderen) – Knappheit (Begrenzen des Angebots bzgl. Zeit, Menge, Verfügbarkeit) – Belohnung/Bestrafung (Einsatz von Sonderbehandlung oder auch Macht, Druck)
erhöht die Wahrscheinlichkeit einer Einstellungsänderung über den zentralen Pfad	erhöht die Wahrscheinlichkeit einer Einstellungsänderung über den peripheren Pfad
– innere Verbindlichkeit (Commitment) – verhältnismäßig dauerhaft – resistent gegenüber neuem Einfluss	– einfache Zustimmung – verhältnismäßig zeitweilig – anfällig für Gegeneinflüsse

Anwendung des Modells in Überzeugungsprozessen in der Werbung

Die Ableitungen finden besonders in den Bereichen Marketing und Werbung Verbreitung, wenn aktiv bestimmte Kriterien der Modelle genutzt werden, um beispielsweise im peripheren Pfad zu überzeugen. Als klassische Beispiele nennenswert sind hier die Zahnarztfrau als Expertin, Testimonials oder Erfahrungsberichte mit persönlichen Empfehlungen, Wiederholungen von Werbung und Slogans oder die Ansprache besonderer Erwartungen und Werte von Personen. Gleichzeitig stellt sich für eine bewusst und gezielt verhandelnde Person die Frage, wie sich die Informationsverarbeitung entsprechend lenken lässt. Studien konnten zeigen, dass besonders durch rhetorische Fragen Personen angeregt werden konnten, Informationen genauer und elaborierter zu durchdenken, also den zentralen Pfad der Verarbeitung einzuschlagen und den peripheren zu meiden (vgl. Brehm et al., 1999). Es liegt auf der Hand, dass mit bestimmten Formulierungen gewisse Verarbeitungsprozesse angeregt werden können. Beispielsweise könnten Sie sagen „Wollen Sie nicht auch sicher sein, keinen Fehler zu machen?" für den zentralen Pfad und im anderen Fall „Machen Sie sich keine Sorgen, ich habe die Qualität der Information sorgfältig geprüft" für den peripheren Pfad. Dies ist unter Umständen besonders dann wirksam, wenn zwischen der Aussage und der Entscheidung eine bestimmte Zeit liegt und bestimmte periphere Merkmale aus dem Inhalt der Information nicht dokumentiert werden. Menschen tendieren nämlich dazu, die Quelle der Information besonders bei peripherer Verarbeitung zu vergessen und der Nachricht alleine zu vertrauen oder ihr sogar stärkere Glaubwürdigkeit zu attestieren (sogenannter *Schläfer-Effekt*, vgl. Brehm et al., 1999).

Formulierungen zur Lenkung auf bestimmten Pfad

Bewertung von Zwei-Prozess-Modellen: Entscheidungsregeln zu kognitiver Entlastung

Die beiden Zwei-Prozess-Modelle haben sich empirisch bewähren können (Bohner & Wänke, 2006) und liefern einen umfassenden theoretischen Rahmen zur Eingliederung und Kategorisierung von Empfehlungen und Verhandlungsratgeber oder Überzeugungstipps. Zudem vertreten Zwei-Prozess-Modelle inhaltslogische Bereiche. Auch aus der Entscheidungstheorie ist bekannt, dass Menschen aus Gründen beschränkter mentaler Verarbeitungskapazität oder auch aus Desinteresse oder Unlust in Entscheidungssituationen gerne auf Heuristiken ausweichen. Heuristiken liefern als einfache Entscheidungsregeln bisweilen in Relation zum Aufwand einer elaborierten Prüfung gute Ergebnisse bei einer Entscheidung (Gigerenzer, 2007). Eine Reihe weiterer Techniken aus der Urteils- und Entscheidungsforschung (verbreitet in den 1980er Jahren unter dem Begriff der „behavioral desicion research", vgl. Bazerman et al., 2000) lassen sich in diesem Kontext sammeln und integrieren (beispielsweise Cialdini, 2001; Plous, 1993), um im Kontext gegenseitiger Überzeugung Anwendung zu finden.

Vorteile des zentralen Pfads

Es wirkt verlockend, die Modelle so zu nutzen, dass besonders der periphere Weg der Persuasion beim Gegenüber angesprochen wird, um rasche Einstellungsänderung beim anderen zu erzielen. Dieses Vorgehen führt in der Regel zu weniger dauerhafter und resistenter Einstellungsänderung als die Ansprache des zentralen Weges mit innerer Verbindlichkeit. Zudem ist sicher, dass die Wirkmechanismen in einfachen Situationen gut kontrollierbar sind. Bei komplexen Verhandlungen ist das persönliche Involvement in der Regel ohnehin recht hoch und es ist weniger die Motivation, die die rationale Verarbeitung begrenzt, sondern die Verteilung und Komplexität von Informationen und Alternativen oder möglicherweise gar individuelle Weltanschauungen (Schoop et al., 2005). Aus den Modellen lässt sich für den Anwender auch nicht ablesen, welche Heuristiken, Schemata, Skripte oder mentale Modelle im peripheren Weg genau wirken werden oder welche kognitiven Vorgänge im Verhandlungspartner passieren (Frank & Frey, 2002). Im manipulativen Sinne mögen einzelne Taktiken einem Verhandelnden also beim Verfolgen unmittelbarer oder einmaliger Erfolge helfen, gesichert ist der Erfolg jedoch nicht. Zudem werden gut vorbereitete Verhandlungspartner solchen Versuchen zur peripheren Beeinflussung widerstehen (wollen). Einen Nutzen bieten die Modelle für persönliches Lernen. Denn im Nachgang an Verhandlungen können Entscheidungsfehler entlang der Zwei-Prozess-Theorie gut analysiert und erklärt werden.

Unterstützung bei der Informationsverarbeitung

Eine positiv gerichtete Anwendungsform kann sein, den Partner bei der Informationsverarbeitung zu unterstützen. Es gibt Techniken, die verbal die Komplexität in Situationen reduzieren helfen. Um beispielsweise die Fähigkeit und Anforderung in Situationen, die zentrale Informationsverarbeitung benötigen, entsprechend zu adaptieren und Zweideutigkeiten zu reduzieren oder die Gesprächsgeschwindigkeit an das Gegenüber anzupassen, nutzen erfolgreich Verhandelnde sogenannte Erlaubnisfragen (z. B. „Darf ich Ihnen eine Frage stellen?“, „Wenn ich einen Vorschlag machen darf …“, „Wollen wir zusammenfassen, wo wir gerade stehen?“, vgl. Morley, 2006). Nach der Zustimmung auf diese Frage, werden Informationen für gewöhnlich (wieder) zentral und mit Konzentration verarbeitet.

3 Analyse und Controlling

Um sich dem oft komplexen Feld von Verhandlungen und Überzeugungssituationen zu nähern, ist eine genauere Betrachtung bestimmter Kriterien und Wirkfaktoren unausweichlich. Für eine sichere und genaue Analyse hat dabei der Betrachter selbst bestimmte Entscheidungen zu treffen und entsprechende Kennwerte oder Attribute im Rahmen der situativen Gegebenheiten festzulegen, die Verhandlungen kennzeichnen. Das bedeutet in der Regel viel Aufwand und eine genaue Arbeit neben der eigentlichen Verhandlung. Dadurch erklärt sich, warum die Analyse besonders im Vorfeld meist zu kurz kommt – mangels zeitlicher und finanzieller Freiheiten. Verhandlungen werden üblicherweise aus der Retrospektive bewertet. Aus ihrem Verlauf und Ergebnissen werden zuweilen auch Schlussfolgerungen und Erkenntnisse für künftige Ereignisse gezogen. Ob und wie erfolgreich das Vorgehen letztlich war, und vor allem, von welchen situativen, prozessbedingten und menschlichen Faktoren der Verhandlungsablauf beeinflusst wurde, ist häufig schwer zu fassen. Das ist und wird auch weiterhin eine große Herausforderung für ein erfolgreiches Management von Verhandlungen sein. Als wichtigste Empfehlung gilt demnach die Maßnahme, im Vorfeld einer Verhandlung bestimmte wichtige und relevante Merkmale zu bestimmen und zu erfassen. Diese sollen dann während und nach Verhandlungen als Einfluss- und Erfolgskriterien dienen, um Bewertungs- und Lernprozesse für die Organisation und die beteiligten Personen auszulösen. In diesem Abschnitt werden solche anwendungsbezogenen Mess- und Kontrollvariablen entlang der Situation, dem Prozess, der Person und der individuellen Wirkung erfasst, die

Planung und Analyse nutzt klar definierte Erfolgskriterien

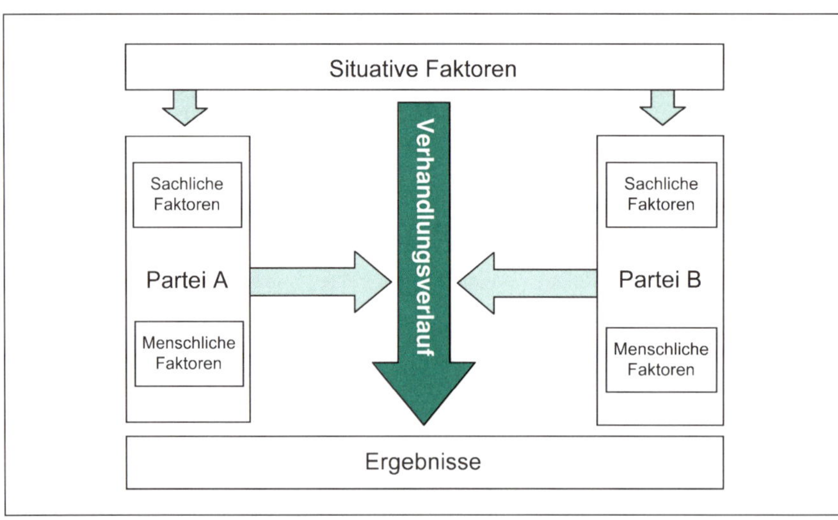

Abbildung 12:
Verhandlungsanalysemodell nach Situation, Prozess und Person (Erbacher, 2005)

im Controlling von Verhandlungen ebenso wie in der persönlichen Analyse bedeutsam sind (vgl. Abbildung 12). Neben konkreten Einflussfaktoren (z. B. Tries & Reinhard, 2008) sind auch solche Analysemethoden notwendig und vorhanden, die verhandlungsübergreifende organisationale Rahmenbedingungen abbilden oder inhaltliche Dimensionen beschreiben (z. B. Erbacher, 2005; Voeth & Herbst, 2009).

3.1 Kontext

Aspekte der Situation

Wer Erfahrung mit Verhandlungen hat, wird das bestätigen: Eine Verhandlung zum gleichen Thema verläuft nicht in jeder Situation gleich. Identische Wiederholungen sind einfach nicht möglich. Das liegt nicht nur an der Situation allein, sondern auch am etwaigen Auftraggeber, in dessen Namen man verhandelt, oder der Rolle der Verhandelnden. Ebenso spielt die Vorbereitung und Klarheit möglicher Ergebnisse und Zielsetzungen eine wichtige Rolle. Bei der Analyse situativer und sachlicher Faktoren sind also insgesamt drei Perspektiven bzw. Grundfragen relevant:

1. Was sind die Rahmenbedingungen?
2. Welche situativen und strukturellen Faktoren bestimmen die Verhandlung mit?
3. Welches sind die Ziele?

Rahmenbedingungen und Hierarchie

Innerhalb einer verhandlungsübergreifenden Analyse empfehlen Voeth und Herbst (2009) eine Analyse von Bestimmungsgründen dafür, wie systematisch verhandelt werden sollte. Je bedeutender und je schwieriger Verhandlungen eingeschätzt werden, desto wichtiger sind eine systematische Vorbereitung und ein Management des Vorgehens und individuellen Auftretens. In Abhängigkeit davon können dann Situationen und Personen bestimmt und vorbereitet werden. Gerade in Organisationen können also Personen aus bestimmten Hierarchie-Ebenen in bestimmten Verhandlungsausschnitten auftreten, um das unternehmerische Ergebnis als Verhandlungsteam entsprechend nach den eigenen Zielen zu beeinflussen. Genau deshalb wird der Begriff Management verwendet; hier gilt es zu organisieren und systematisch heranzugehen. Beispielsweise werden in einer Organisation auf unterschiedlichen Ebenen zwischen Verhandlungspartnern verschiedene Kriterien ausgehandelt. Auf Ebene des Top-Managements in Organisationen können das wichtige strategische und ressourcenorientierte Variablen sein. Auf Niveau des Bereichsmanagements werden dann einheits- oder produktspezifische Inhalte diskutiert. Dagegen sind schließlich auf Produkt- oder Projektmanagement-Ebene kundenspezifische oder projektspezifische Themen relevant. Demnach leitet sich aus den Bestimmungen in diesem Analyseschritt auch ab, welche Gespräche auf oder zwischen welcher Ebene stattfinden können, müssen und sollten.

Erbacher (2005) führt als relevante Kommunikationsrichtungen vier unterschiedliche Dimensionen innerhalb und zwischen Organisationen und Ver-

Kommunikationsrichtungen: extern, intern, horizontal, vertikal

handlungspartnern auf: externe, interne, horizontale und vertikale. Nach einer Betrachtung der Ausgangslage unter diesem Raster ergeben sich einzelne Verhandlungssituationen, die durch verhandlungsbezogene Aspekte systematisch gestaltet und verfolgt werden können. Bei der Zuweisung von Verhandlungspersonen zu einzelnen Verhandlungsgesprächen kann also unterschieden werden, ob die Verhandlung intern auf gleicher Ebene oder mit externen Partnern, Anbietern oder Kunden von ähnlicher oder eben jeweils auch ungleicher hierarchischer Stellung oder Entscheidungskompetenz geführt wird.

Situative Faktoren: Organisation, Verhandlungsobjekt, Variablen, Personen, Geschichte

In verhandlungsbezogenen Analyseschritten lassen sich nach der Analyse der Rahmenbedingungen bestimmte Aspekte über die Situation der eigenen und der anderen Verhandlungspartei erfassen (vgl. Voeth & Herbst, 2009):

- *Informationen über die verhandelnden Organisationen:* z. B. wirtschaftliche Lage, Stärken, Schwächen, strategische Kennzahlen, vorhandene Ressourcen, Alternativen, Wettbewerb, Kosten, Zeitdruck, Droh- und Belohnungsmöglichkeiten, kultureller Hintergrund.
- *Informationen über das Verhandlungsobjekt:* z. B. Produkte, Tarife, Vorgaben aus der Organisation oder von relevanten Stakeholdern, Limits, zu erwartende Gewinne und Kosten, mögliche Opportunitätskosten bei Scheitern der Verhandlung.
- *Informationen über Verhandlungsgegenstände:* z. B. Anzahl der Themen, zielrelevante Kennzahlen, Preise, Mengen, Margen, Termine, zeitliche Perspektive, Qualität, qualitative Aspekte.
- *Informationen über Verhandlungsführende:* z. B. Anzahl der Parteien und Gesprächsführenden, mögliche dritte Parteien, Verhandlungserfahrungen, Präferenzen, Anspruchsniveau, Verhandlungsmacht, Zugang zu Informationen.
- *Informationen über die Verhandlungshistorie:* z. B. vorausgegangene Ereignisse, gemeinsame Erfahrungen, Vereinbarungen, Dauer der Zusammenarbeit, frühere Gewinne.

Wenn diese Informationen sorgfältig gesammelt wurden, lassen sich bereits Forderungen, Motive, Ziele, Argumente, Gemeinsamkeiten und Gegensätze ableiten, die für die eigene Partei später wichtig sind (Schranner, 2006). Das ist ein wichtiger Schritt für die Vorbereitung von Verhandlungen. Insofern dient das Sammeln dieser Informationen einer systematischen und konkreten Verhandlungsvorbereitung – im großen Stil ebenso wie vor einer einzelnen Verhandlung.

Zielformulierung: Niveau und Perspektiven

Schließlich gibt noch die Perspektive der Zielsetzungen als Teil der sachlichen Faktoren die Richtung möglicher Ergebnisse vor. Es ist für das Controlling, aber auch für die Umsetzung wichtig, Zielsetzungen in Bezug auf die Verhandlungsgegenstände konkret und spezifisch entlang relevanter Kennzahlen zu formulieren. Dabei ist im Sinne unternehmerischer Zielperspektiven das Niveau der Zielformulierung durchaus zu differenzieren.

Verhandlungsziele können organisationsübergreifend sein, sich auf die gesamte Organisation oder bestimmte Gruppen und Einheiten oder auf einzelne Personen und Vertreter beziehen.

Zielsetzungen berücksichtigen demnach die eigene Person und Position, die des Verhandlungspartners und den Verhandlungsgegenstand. Es gibt durchaus den Ansatz, ausschließlich die Fakten (Person 1 mit Position 1 vs. Person 2 mit Position 2) zu betrachten – natürlich unter der Prämisse, dass exklusive Nutzenoptimierung ein beiderseitiges Ziel ist. Die Analyse nach „Ich“, „Anderer“ und „Situation/Sache“ wird allerdings rein sach- und faktenorientierten Verhandlungen vorgezogen (Conolly & Ordóñez, 2003). Das impliziert, dass es noch weitere Verhandlungsvariablen gibt, die die rein sachliche Nutzenoptimierung ergänzen. Die Unterscheidung ist also wichtig, um Zielsetzungen und Verhandlungsergebnisse nicht nur in objektiven, sondern eben auch in subjektiven und persönlichen Bereichen zu finden. Objektive Ziele beinhalten Gewinne und Kosten und die damit verbundenen Messgrößen. Subjektive Elemente einer Zielsetzung setzen sich mit Zufriedenheit über den Verhandlungsablauf, den Verhandlungspartnern und dem erzielten Ergebnis für beide Parteien auseinander (Tries & Reinhard, 2008). Weitere Ergebnisse sind persönlicher Art und für den Verhandelnden oder die Organisation gleichermaßen relevant. Solche Zielgrößen können beispielsweise persönliche Weiterentwicklung und Gewinn an Erfahrung und Erkenntnissen umfassen (Erbacher, 2005). Einen Erfahrungsgewinn kann ein Verhandler bei einem wiederholten Treffen mit einem schwierigen Verhandlungspartner nutzen – einerseits, weil er sich selbst die eigene Verhandlungsfertigkeit in einer solchen Situation schon einmal bewiesen hat. Andererseits hilft aber auch die persönliche Erfahrung aus einer gemeinsamen geschäftlichen Beziehungsgeschichte für den eigenen Auftritt und den Umgang mit dem anderen.

Objektive und subjektive Zielgrößen

Aspekte von Verhandlungsergebnissen, die die Zufriedenheit mit subjektiven Aspekten steigern können, werden oft auch als *emotionale Währungen* bezeichnet. In Organisationen wird neben Erfolgskennziffern demnach noch mit anderen Währungen gerechnet und gewissermaßen auch bezahlt (Cohen & Bradford, 2005). Diese Währungen sind auch in Verhandlungen hoch relevant. Je nach Verhandlung wird empfohlen, eine Auswahl subjektiver Kriterien zu erfassen und systematisch zu verfolgen (vgl. Tabelle 9).

Emotionale Währungen aushandeln

Es geht also beim Thema Verhandlungskontext darum, die Tauschwährungen (z. B. Bindung gegen Rabatt oder Sicherheit gegen Bequemlichkeit, etc.) zu ermitteln, die für die Verhandlung oder den Überzeugungsprozess relevant sind. An dieser Stelle ist es wichtig, auf eine Einschränkung kooperationsorientierten Verhandelns oder Konfliktlösens hinzuweisen. Denn immer dann, wenn keine Tauschwährung gefunden werden kann, beispielsweise weil ein Verhandlungspartner gar nicht daran interessiert ist, ist auch kein Win-Win-Ergebnis zu gegenseitigem Nutzen möglich (Paschen & Dihsmaier, 2011).

Bereitschaft zu verhandeln ist Voraussetzung

Tabelle 9:
Mögliche subjektive Ziel- und Ergebnisaspekte in Verhandlungen
(Cohen & Bradford, 2005)

inspirationsbezogen	Beispiel/Inhalt
– Vision – herausragende Leistung/Exzellenz – moralische/ethische Richtigkeit	– an Themen von hoher oder strategischer Bedeutung beteiligt sein – besondere Leistungen zeigen können – höhere Standards einhalten und vertreten
aufgabenbezogen	**Beispiel/Inhalt**
– Zugang zu neuen Ressourcen – Herausforderung/ Lernsituation – Assistenz – Unterstützung – schnelles Feedback – Information	– finanzielle Belohnungen, Budget/Prokura, besonderen Freiraum erhalten – eigene Fähigkeiten und Fertigkeiten erweitern – Möglichkeit erhalten, unangenehme Tätigkeiten zu delegieren – mittelbare oder unmittelbare Erleichterung bei der Umsetzung erhalten – bevorzugt oder schneller bedient werden/Rückmeldung erhalten – Zugang zu inhaltlichem, fachlichem oder Organisationswissen erhalten
positionsbezogen	**Beispiel/Inhalt**
– Anerkennung – Sichtbarkeit – Ruf – Wichtigkeit/Gruppenzugehörigkeit – Kontakte	– Wertschätzung von Einsatz, Leistung oder Fähigkeiten erfahren – bei für die persönliche Karriere wichtigen Personen gesehen werden – als kompetent, loyal und überzeugt wahrgenommen werden – Zugehörigkeitsgefühl und Schnittstellenwahrnehmung erfahren – Möglichkeit zur Vergrößerung des Netzwerks erhalten
beziehungsbezogen	**Beispiel/Inhalt**
– Verständnis – Akzeptanz/ Einbeziehung – Rückhalt/Sicherheit	– hinsichtlich eigener Bedürfnisse und Anliegen gehört werden – Nähe und Freundschaft empfinden – persönliche und emotionale Rückendeckung spüren
personenbezogen	**Beispiel/Inhalt**
– Dankbarkeit – Beteiligung/Mitverantwortung – Selbstverständnis – Bequemlichkeit	– Anerkennung und Ausdruck von Schuld des anderen erfahren – Einfluss und Verantwortung für wichtige Aufgaben tragen – im Werteverständnis, Selbstwert und Identität bestätigt werden – unangenehme Situationen und Ärger vermeiden

Diese Aussage klingt trivial und ist dennoch zentral. Viele Verhandlungen werden geführt, obwohl eine Verhandlungspartei gar nicht zu Verhandlungen im eigentlichen Sinne bereit ist. Eine nutzbringende Einigung kann nur dann gefunden werden, wenn die beteiligten Parteien das auch wollen und sich entsprechend flexibel und kreativ dafür einsetzen. Nur dann kann die Lösung des vorliegenden Konflikts genutzt werden, um durch bestimmte Veränderungen den Rahmen so zu beeinflussen und den Konflikt zu steuern, dass auch eine noch nicht dagewesene gemeinsame Basis generiert wird (Berkel,

2013). Wenn der Wille dazu nicht vorhanden ist, ist das für den kooperationsbereiten Verhandelnden ein Signal, das er wahrzunehmen in der Lage sein sollte. Denn dann ist der eigene Rückzug in der Regel die für die eigene Situation optimalere Strategie (neben der der Konfrontation). Wenn der Kontext diese Information bereitstellt, ist es wichtig, die eigene Verhandlungsstrategie also für die eigene Zielerreichung entsprechend anzupassen.

3.2 Verhandlungsprozess

Zeitliche Perspektive: Vorbereitung, Durchführung, Nachbereitung

Beim Prozess des Verhandelns steht die zeitliche Perspektive der Abläufe vor, während und nach Verhandlungen im Mittelpunkt. Hier werden Analyse- und Kontrollelemente aus der Perspektive des Verhandelnden selbst betrachtet. Die Fragen, die sich Verhandelnde zum Verhandlungsprozess stellen müssen, beziehen sich auf den Ablauf, den Zeitpunkt und den Ort sowie auf die eigene Vor- und Nachbereitung. Der Prozess unterteilt sich also in die Phasen *Vorbereitung, Durchführung, Nachbereitung*. Dieser Ablauf lässt sich sowohl auf ein einzelnes Verhandlungsgespräch als auch auf eine Verhandlungsserie mit mehreren Verhandlungen anwenden.

Prozess muss gestaltet werden

Wichtig ist zu bemerken, dass die Hinweise dabei nicht als bloßer Ablauf, sondern als Gestaltungsmerkmal zu sehen sind. Denn auf Prozessaspekte zu reagieren und sie nach Bedarf sogar zu ändern, zeichnet gerade die Stärke und Flexibilität während Verhandlungen aus. Für die Analyse bedeutet das, dass die Kontrolle von Variablen im engeren Sinne eine große Herausforderung darstellt. Da nämlich Prozessvariablen ebenso unabhängige wie abhängige Variablen, also beeinflussbare und beeinflussende Faktoren gleichzeitig sind, können sie einerseits als Elemente der Situation als gegeben betrachtet werden, andererseits aber auch Ansatzpunkte zur Beeinflussung der eigenen Überzeugungskriterien bieten. Für die Analyse und die Rückschau durchgeführter Verhandlungen sind die Aspekte dann ebenso gut zugänglich wie lehrreich. Ableitungen aus der rückblickenden Analyse geben Hinweise für die Zukunft. Diese sind natürlich immer nur mit Einschränkungen gültig, mindestens aber Möglichkeiten zum Lernen. Es kann aber keine grundsätzliche Kausalinterpretation („wenn-dann“) empfohlen werden. Auch Forschungsarbeiten können im komplexen Feld zumeist Schlussfolgerungen von bestimmten und begrenzten ausgewählten Gesichtspunkten ziehen. Umgekehrt formuliert ist es demnach nützlich, die relevanten Merkmale herauszufinden und zu beachten, um damit positiv auf aktuelle und künftige Verhandlungen einzuwirken.

3.2.1 Vorbereitung

In der Vorbereitung einer Verhandlung geht es vor allem darum, sich auf die Situation, die einen erwartet, einzustellen und dafür zu rüsten. Im gegenseitigen Sinn muss sich der Verhandelnde daher mit der Sache, den Personen

Vorbereitung: Auseinandersetzung mit Sache, Personen und Situation

und der Situation vorab auseinandersetzen. In der Vorbereitung gilt es, bereits viele Entscheidungen zu treffen und sich selbst oder im Verhandlungsteam Fragen zu beantworten (vgl. z. B. Reardon, 2004; Schranner, 2006). Insbesondere sind in der Vorbereitung folgende Aspekte und Schritte relevant (Erbacher, 2005):

- *Eigene Position*

Eigene Position

Beim Festlegen der eigenen Position wird der Verhandlungsgegenstand aus der eigenen Sichtweise konkret definiert. Außerdem wird sich ein Verhandelnder fragen, wie die eigenen Ziele konkret lauten und welche Handlungsalternativen oder Abbruchmöglichkeiten vorliegen. Schließlich ist auf der emotionalen Ebene das Bild von Interesse, welches das Gegenüber vom Verhandelnden hat, und wie dies gegebenenfalls positiv beeinflusst werden kann.

- *Gegenseite*

Position der Gegenseite

Bei der Vorbereitung auf den Verhandlungspartner steht das Erarbeiten der Position aus der Perspektive des Verhandlungspartners an. Relevant sind demnach die Interessen der Gegenseite einschließlich möglicher Ziele, Positionen und Differenzen. Denn nur wenn diese bekannt sind, wird ein attraktives Angebot möglich sein. Wenn ein Verhandelnder vorab weiß, welche Personen auf der Gegenseite verhandeln, sollte er sich über Rollen, Entscheidungskompetenzen, bestimmte Personenkonstellationen oder zu erwartende Einstellungen von Verhandlungspartnern Gedanken machen. Dieser Analyseschritt hilft nicht zuletzt auch, um zu überlegen, welches Bild der Verhandlungspartner von sich selbst hat, und in welchen Anteilen er später in diesem Bild bestätigt werden kann.

- *Verhandlungsteam*

Zusammenstellung des Verhandlungsteams

Die Frage nach dem Verhandlungsteam hängt natürlich von Größe und Umfang des Verhandlungsgegenstands ab. Wenn mehrere Personen verhandeln, sollte neben der Anzahl auch die Funktion und Rolle der Personen vor und während der Verhandlung bestimmt und festgelegt werden, um für jeden Teilnehmer Sicherheit im Auftreten zu ermöglichen. Zudem gilt es bei Verhandlungen in Gruppen, wichtige Abläufe der Kommunikation im Verhandlungsteam zu beschreiben, damit das Team effizient funktionieren kann. Die Rollenklarheit und die Frage, wer sich wann oder zu welchen Themen und Argumenten in einer Verhandlung zu Wort meldet, bestimmen den Wirkungsgrad des Verhandlungsteams deutlich mit.

- *Verhandlungsplan*

Zeitliche Planung

Das Erstellen des Verhandlungsplans beinhaltet die Ausarbeitung des eigenen Maximal- und Minimalziels. Daneben werden in diesem Schritt Verhandlungsaspekte für die Verhandlungsgespräche strategisch sinnvoll angeordnet und sortiert. Daraus ergeben sich die Definition von Teilzielen und ein entsprechender Verhandlungszeitplan. Schließlich werden in diesem Abschnitt auch die Eckpfeiler der eigenen Strategie durchdacht und festgelegt, etwaige Taktiken ausgewählt und mögliche Reaktionen geprüft. Als Ergebnis liegt also ein gewisser Zeitplan vor, der beschreibt, welche Themen zu welchem Zeitpunkt sinnvollerweise wie lange besprochen werden.

- *Verhandlungssituation*

Gestalten der Atmosphäre und Wahl des zeitlichen und räumlichen Umfelds

Durch Gestalten der Verhandlungssituation wird das Ziel verfolgt, eine möglichst angenehme Atmosphäre für die eigentliche Verhandlung zu schaffen (Tries & Reinhard, 2008). In vielen Fällen ist dies nicht möglich, da Teilnehmer in Verhandlungen oft keinen oder nur wenig Einfluss auf Ort, Raum oder Zeit haben. Sollte es aber möglich sein, hilft eine vorausgehende Analyse dabei, Präferenzen der Verhandlungspartner zu berücksichtigen, teamorientierte Sitzordnungen zu wählen und eine Tageszeit vorzuschlagen, in der die Leistungsfähigkeit aller Beteiligten hoch sein kann. Die Frage des Standorts beinhaltet dabei noch den Aspekt, wie wichtig es ist, sich an einem bestimmten Ort zu treffen (eigener Standort, Standort des Partners, Standort des Verhandlungsgegenstands, neutraler Standort, etc.). Für das eigentliche Treffen gilt es in der Vorbereitung der Situation auch, entsprechende Medien sicherzustellen, die benötigt werden, und erstellte Unterlagen für die Verhandlung funktionstüchtig, vorrätig und leicht verfügbar zu haben.

- *Simulation*

Üben und mentale Vorbereitung

Gerade wenn ein Verhandelnder oder ein Verhandlungsteam damit rechnet, dass bestimmte Verhandlungen schwierig werden, hilft es, der eigentlichen Verhandlung eine Übungssituation zur Simulation vorzuschalten. Schwierige Gespräche vorab zu üben oder durchzuspielen, macht es unumgänglich, bestimmte Argumentationen genau und gezielt vorzubereiten und die Perspektive der Gegenseite gut nachzuvollziehen. Eine solche Art von Training ist auch im Austausch innerhalb eines Verhandlungsteams von großem Wert, um so bestimmte Situationen und Gesprächsverläufe zu simulieren und dann in der eigentlichen Situation stichhaltig und prägnant und in relevanter Rollenteilung auftreten zu können. Häufig ergeben sich vergessene Fragen oder wichtige Hinweise erst im proaktiven Durchdenken oder Durchspielen der Situation.

Im Kasten werden die wesentlichen Fragen zur Verhandlungsvorbereitung zusammengefasst.

Checkliste zur Verhandlungsvorbereitung
Eigene Position
– Was ist der Verhandlungsgegenstand? – Wie lauten die konkreten Ziele? – Welche Handlungsalternativen und Abbruchmöglichkeiten liegen vor? – Welches Bild hat der andere von uns/mir?
Position der Gegenseite
– Was sind die Interessen und vermuteten Ziele der Gegenseite? – Wie und worin unterscheiden sich die Ziele und Interessen der Gegenseite von denen meiner Partei? – Welche Personen werden auf der Gegenseite verhandeln (Rolle, Entscheidungskompetenz, Einstellung, Team)? – Welches Bild hat der andere von sich?
Verhandlungsteam
– Wie groß ist der Verhandlungsgegenstand? Wie viele Personen werden verhandeln? – Wer übernimmt welche Rollen und Funktionen in der Verhandlung? – Wie übergeben wir uns gegenseitig Redeanteile?
Verhandlungsplan
– Was ist mein Maximalziel? Was ist mein Minimalziel? – Welche Themen werden strategisch wann besprochen? – Wie lauten die Teilziele für die jeweiligen Treffen? – Was ist der genaue Zeitplan und die Abfolge der Verhandlungen? – Welche Strategie verfolge ich und welche Taktiken setze ich ein?
Verhandlungssituation
– Welchen Einfluss auf Ort, Raum und Zeit der Verhandlung habe ich? – Welche Präferenzen haben die Verhandlungspartner diesbezüglich? – Welche Sitzordnung bietet sich an (teamorientiert)? – Welche Tageszeit ist sinnvoll für die Leistungsfähigkeit aller Beteiligten? – An welchem Ort treffen wir uns? – Welche Medien und Unterlagen sind notwendig?
Simulation
– Welche Argumente erwarte ich von der Gegenseite? – Wie werde ich reagieren? – Worauf ist besonders zu achten im Austausch von Argumenten?

3.2.2 Durchführung

Der Schritt der Durchführung stellt die eigentliche Verhandlung dar. Bei mehrmaligen Treffen bezieht sie sich entweder auf bestimmte Abschnitte eines Gesprächs oder des gesamten Verhandlungsverlaufs über mehrere Gespräche hinweg. Analysefaktoren bei der Durchführung sind die Art und Weise, wie Fakten, Positionen und Interessen durch Aspekte der Kommunikation und Argumentation in bestimmte Vereinbarungen münden, die von allen Verhandlungspartnern akzeptiert werden können. Die Art der Verhandlung in der Durchführungsphase ist dabei geprägt vom individuellen Verhandlungsstil der Beteiligten und die meist von der Organisation oder der Branche vorgelebte oder vorgegebene Verhandlungskultur. Die Durchführungsphase lässt sich im Allgemeinen in die folgenden vier Analyseabschnitte unterteilen (Saner, 2008):

Die eigentliche Verhandlung: Verhandlungsstil und Verhandlungskultur

- *Einstieg*

In der Einstiegsphase gilt es, eine freundliche Atmosphäre herzustellen und sich – vor allem beim erstmaligen Aufeinandertreffen – gegenseitig kennenzulernen. Gleichzeitig wird ein erster Überblick über die Verhandlungsgegenstände und Positionen gesammelt, das Verhandlungsgebiet eingegrenzt und der Verhandlungsprozess abgestimmt. Der gern zitierte Smalltalk zu Beginn eines Gesprächs hat also die Funktion des Warmlaufens und des Kontakts. Inhaltlich können hier durchaus bereits fachliche oder sachliche Gesprächsthemen oder Argumente platziert werden. Wichtigster Aspekt ist dennoch die Vertrauensbildung (vgl. Cohen, 1994).

Rahmensetzung

- *Dialog*

In der Dialogphase vertreten die Verhandelnden ihre jeweiligen Positionen. Im Idealfall werden im konstruktiven Miteinander Eröffnungsangebote vorgetragen, Fakten geklärt, Informationen gesammelt, Argumente und Positionen ausgetauscht und Präferenzen erläutert. Der Dialog hat die Funktion, Annäherungen von beiden Seiten zielführend vorzubereiten und Missverständnisse zu vermeiden und bereits zu klären. Dabei ist es wichtig, Widerstand zu überwinden und Einwänden lösungsorientiert und konstruktiv zu begegnen.

Positionierung und Austausch von Informationen

- *Lösung*

Während in der Dialogphase die Positionen der Verhandlungspartner relevant waren, stehen in der Lösungsphase bestenfalls Bedürfnisse und Wünsche beider Seiten im Mittelpunkt der Betrachtung. Diese Phase wird oft auch als Annäherung bezeichnet, da dort oft gemeinsam nach neuen und konstruktiven Lösungen gesucht wird. Lösungen beinhalten häufig – je nach Unterschiedlichkeit der Positionen – die Ergänzung oder Veränderung von

Schnittmengen finden zur Annäherung

Verhandlungsgegenständen oder Attributen, neue Informationen, die Veränderung von Rahmenbedingungen und Zielen oder den Austausch von Verhandelnden, wenn dies eine Annäherung erleichtert.

- *Abschluss*

Vereinbarung

In der Abschlussphase geht es darum, ein Ergebnis, eine Vereinbarung oder einen Vertrag als Verhandlungsergebnis zu erzielen. Neben dem Sachaspekt ist hier besonders der emotionale Aspekt des Ergebnisses wichtig, nämlich die Verbindlichkeit (Commitment, vgl. Cohen, 1994). Denn eine Vereinbarung wird nur zur dauerhaften Zufriedenheit der Verhandlungspartner führen, wenn sich auch alle Beteiligten an ihre Vereinbarungen, vertraglichen Pflichten, Zugeständnisse oder Versprechen halten. Nach Überlegungen über die Geschwindigkeit der Verhandlung, den Einigungszeitpunkt und den Vorschlag von Lösungspaketen oder letzten Angeboten ergeben sich in dieser Phase entsprechende letzte Schritte hin zur Einigung. Bleibt eine Einigung aus, wird die Verhandlung abgebrochen oder in weiteren Dialogphasen fortgesetzt. Ein Abbruch geschieht beispielsweise dann, wenn die Verhandlungspartner in allen Fällen attraktivere Alternativen zur Einigung kennen, also ihre Minimalziele im aktuellen Dialog verfehlen. Im Optimalfall resultiert in der Abschlussphase eine Situation zu beiderseitigem Nutzen (Win-Win).

Im Kasten werden die wesentlichen Fragen zur Verhandlungsdurchführung zusammengefasst.

Checkliste zur Verhandlungsdurchführung
Einstieg
– Wie stelle ich eine freundliche Atmosphäre her? – Welcher Smalltalk ist sinnvoll? – Wie lernen wir uns kennen? – Wie soll die Verhandlung/das Gespräch ablaufen? Wie wollen wir zu einer Einigung kommen? – Wie setze ich den Rahmen hinsichtlich Verhandlungsgegenständen und Positionen? – Wie grenze ich das Verhandlungsgebiet sinnvoll ein? – Wie signalisiere ich Vertrauen und baue es meinerseits auf?
Dialog
– Wie trage ich mein Eröffnungsangebot oder meine Forderungen vor? – Wie positioniere ich mich? – Welche Argumente habe ich? – Welche Fakten muss ich klären? Welche Informationen muss ich sammeln? – Wie überwinde ich Widerstand? Wie gehe ich mit Einwänden um?

Lösung
– Welche Interessen teilen wir? – Welche Wünsche haben ich und der andere? – Wie können wir die Unterschiedlichkeit überwinden? – Welche Attribute von Verhandlungsgegenständen können wir verändern? – Welche Sichtweisen sind zu verändern? – Was ist zu ergänzen, um zu einer Lösung zu kommen? – Welche Ziele oder Rahmenbedingungen gilt es, neu zu betrachten? – Wer verhandelt weiter? Ist ein Austausch der Verhandlungspartner zielführend?
Abschluss
– Welche Vereinbarung treffen wir? – Was sind die sich ergebenden sachlichen Pflichten und etwaige Zugeständnisse für beide Parteien? – Welche Lösung vereinbaren wir? Was ist das Verhandlungsergebnis? – Soll die Verhandlung ohne Einigung abgebrochen werden? – Welche emotionalen Aspekte sind beiden Parteien bei der Einigung wichtig?

Weitere Tipps für eine erfolgreiche Verhandlungsdurchführung, besonders im Umgang mit schwierigen Situationen oder unfairen Taktiken der Gegenseite, gibt Tabelle 10. Diese Hinweise können auch der Analyse des eigenen Verhaltens im Verhandeln dienen.

Tabelle 10:
Verhalten zum Schutz gegen Tricks, unfaire Taktiken und schwierige Opponenten (angelehnt, zusammengeführt und erweitert aus Lewicki et al., 1998; Thiele, 2007)

Schwierige Situation	Möglicher Impuls	Empfehlung und Praxistipps
Erwarteter Gesprächspartner kommt nicht. Nachgeordneter Mitarbeiter vertritt ihn.	Verärgerung, Unterstellungen	Klären Sie zunächst zwei Fragen: Warum ist der Entscheider nicht erschienen? Welche Vollmachten hat der Vertreter? Auf dieser Grundlage entscheiden Sie, ob Sie den Termin wahrnehmen oder einen Folgetermin vereinbaren.
Verhandlungspartner bleibt unklar über Kompetenzen und Vollmachten.	Annehmen, der andere hat alle nötigen Kompetenzen	Fragen Sie nach den Vollmachten und Zuständigkeiten. Klären Sie, ob die Punkte der Agenda mit den richtigen, verantwortlichen Partnern verhandelt werden können.
Rahmenbedingungen und Sitzordnung sind ungünstig.	Sitzordnung akzeptieren	Übernehmen Sie die Initiative und nehmen Sie Einfluss auf die Sitzanordnung und Rahmenbedingungen.
Gegenüber versucht Zeitdruck zu erzeugen.	Hektik, Beschleunigen, Stress, Leichtsinn	Den Zeitrahmen absprechen. Bei Änderungen die Agenda auf ein realistisches Maß reduzieren. Ruhig bleiben. Passen Sie Ihr eigenes Tempo nur im Hinblick auf Pragmatik an.

Tabelle 10 (Fortsetzung):
Verhalten zum Schutz gegen Tricks, unfaire Taktiken und schwierige Opponenten (angelehnt, zusammengeführt und erweitert aus Lewicki et al., 1998; Thiele, 2007)

Schwierige Situation	Möglicher Impuls	Empfehlung und Praxistipps
Abgesprochene Agenda wird einseitig verändert.	Änderung akzeptieren, alte Agenda fordern	Sprechen Sie diesen Punkt an: „Warum wurde die neue Reihung der Tagesordnungspunkte gewählt?", „Warum sind neue Punkte aufgenommen worden?" etc.
Verhandlungspartner schweigt.	Mehr reden	Durch Fragen aktivieren: „Was ist Ihre Einschätzung?", „Was halten Sie von dem Lösungsvorschlag?", „Darf ich Ihr Schweigen als Zustimmung deuten?" etc.
Gegenüber greift persönlich an.	Gegenattacke	Nutzen Sie Strategien zur Abwehr von Angriffen. Stellen Sie beispielsweise eine Gegenfrage. Bleiben Sie ruhig. Halten Sie sich zurück.
Gegenüber kommt mit extremen Forderungen.	Ärger, Ablehnung, Rechtfertigung	Fragen Sie nach sachlicher Begründung für die vertretene Position, so lange bis deutlich wird, dass die extreme Forderung eine unrealistische Basis hat.
Gegenüber lenkt ab und macht Nebenkriegsschauplätze auf.	Nebenthemen Schritt für Schritt bearbeiten, Verärgerung	Lenken Sie zurück zum Sachthema. Fassen Sie den Zwischenstand zusammen. In verfahrenen Situationen: „Unter welchen Umständen würden Sie zustimmen?", „Welche Voraussetzungen müssten wir erfüllen, damit Sie sich dafür entscheiden?" etc.
Gegenüber blättert oder liest in anderen Unterlagen.	Ärger über Ignoranz, Verhalten ignorieren	Bringen Sie Ihren Partner durch Rückfragen zum Sprechen: „Welche Punkte sind Ihnen besonders wichtig?", „Wie sehen Ihre zeitlichen Möglichkeiten heute aus?" etc.
Gegenüber möchte nicht ernsthaft verhandeln. Scheint bereits entschieden zu haben.	Eindruck ignorieren, nach besten Kräften verhandeln	Drücken Sie Ihre Befindlichkeit aus. „Ich habe den Eindruck, dass Ihre Entscheidung bereits getroffen ist.", „Welche Chancen haben wir, mit Ihnen ins Geschäft zu kommen?", „Wie liegen wir im Vergleich zu Mitbewerbern oder Alternativen?" etc.
Gegenüber nennt wiederholt vorige schlechte Erfahrung oder Reklamationen.	Rechtfertigen, Entschuldigen, Entgegenkommen	Machen Sie sich stark für eine zukunftsorientierte Diskussion: „Das Thema gehört zum Glück der Vergangenheit an. Sie können sich künftig darauf verlassen, dass ...", „Wir haben daraus Konsequenzen gezogen. Wollen wir jetzt über konkrete Lösungen zu sprechen?"
Gegenüber monologisiert, bringt eine Reihe von Einwänden, beharrt auf seiner Position.	Gegnerische Position widerlegen, eigene Position platzieren	Fragen Sie nach den wichtigsten Punkten. Schreiben Sie während des Monologs stichwortartig mit, fassen Sie die Kernpunkte zusammen. Kommen sehr viele heterogene Punkte, bietet sich Visualisierung an. Hören Sie aktiv zu. Danach Einwandbehandlung.

Tabelle 10 (Fortsetzung):
Verhalten zum Schutz gegen Tricks, unfaire Taktiken und schwierige Opponenten (angelehnt, zusammengeführt und erweitert aus Lewicki et al., 1998; Thiele, 2007)

Schwierige Situation	Möglicher Impuls	Empfehlung und Praxistipps
Gegenüber signalisiert durch nonverbale Dominanz- und Kampfsignale Überlegenheit.	Unterlegenheit zeigen, Dominanzsignale einsetzen	Geben Sie Ihrem Gegenüber Feedback. Zeigen Sie durch Ihre Körpersprache, dass Sie auf gleicher Augenhöhe argumentieren wollen. Sagen Sie, dass für Sie die Qualität der Argumente und nicht nonverbale Themen im Vordergrund stehen.
Gegenüber argumentiert mit unprüfbaren, fingierten Zahlen und Behauptungen.	Ärger, Behauptungen unmittelbar widerlegen, Schlagabtausch	Reagieren Sie nicht zu früh auf pure Behauptungen. Fragen Sie nach Details oder Informationsquellen oder verzichten Sie darauf, die Aussagen zu kommentieren. Sie können auch Ihre Argumente und Beweismittel sachlich dagegenhalten.
Gegenüber wertet Mitbewerber durch Gerüchte ab („Schurkentechnik").	Wettbewerber abwerten, Entgegenkommen für Allianz	Sein Sie skeptisch. Lenken Sie auf das Sachthema und das Verhandlungsziel zurück. Lassen Sie sich nicht auf die Diskussion über Ihren Mitbewerber ein.
Verhandlungspartner spielen „Good Guy" und „Bad Guy".	Stress, Sympathie für „Good Guy"	Bleiben Sie Ihrer Verhandlungslinie treu und beachten Sie diesen Trick nicht. Sie können ihn auch sichtbar machen, indem Sie anbieten, kooperativ weiterverhandeln zu wollen.
Gegenüber wirkt verärgert.	Ärger, Aufbrausen	Bleiben Sie ruhig und verdrängen Sie Ihre Emotionen. Zeigen Sie Verständnis für die Emotionen des anderen. Fragen Sie sich, warum er sich ärgert.
Gegenüber beachtet gegebene Argumente nicht.	Ärger, neue Argumente, Vorwürfe	Wiederholen Sie Ihre Beweismittel und Nutzenargumente. Heben Sie auch Zusatznutzen und Alleinstellungsmerkmale heraus.
Gegenüber kritisiert Idee.	Ärger, Rechtfertigung	Beziehen Sie Ihr Gegenüber in die Veränderung der Idee ein.
Gegenüber ist mit Vorschlägen nicht zufrieden.	Abbruch, Desinteresse	Vergewissern Sie sich, dass Sie die Bedürfnisse des anderen verstanden haben und finden Sie einen Weg, sie zu erfüllen.
Gegenüber hat Sorge, mit den Vorschlägen seinem Image zu schaden (Gesichtsverlust).	Widerspruch, Gegenversprechen, Ignorieren	Zeigen Sie sich einfühlsam und verständnisvoll und helfen Sie dabei, dass Ihr Verhandlungspartner sein Gesicht wahren kann.
Gegenüber macht vage Versprechungen.	Dankbarkeit, Entgegenkommen	Lassen Sie diese konkretisieren und fixieren Sie diese schriftlich. Beachten Sie auch Zeitziele. „Wer macht was bis wann?"
Gegenüber bricht Verhandlung ab.	Gegen Abbruch kämpfen, Bedauern, Gefühl des Versagens	Fassen Sie die Schlussposition der anderen Seite zusammen. „Wenn ich Sie richtig verstanden habe …", Fassen Sie Ihre eigene Position ebenfalls klar und verständlich zusammen.

3.2.3 Nachbereitung

Sich gerne wieder treffen und daraus lernen

Im Nachbereiten einzelner Verhandlungsgespräche oder Verhandlungssequenzen spielen grundsätzlich zwei Aspekte eine Rolle: Die Realisierung der Vereinbarung und Lern- und Verhaltensschlussfolgerungen für künftige Verhandlungen oder weitere Treffen (Erbacher, 2005).

- *Umsetzung*

Vereinbarungen einhalten

Nach der Einigung in der Kern-Verhandlung ist nun zu verfolgen, dass jeder Beteiligte das tut, was sich aus der Vereinbarung für ihn ergibt. Nun ist es oft so, dass bei Vereinbarungen, die als unausgewogen empfunden werden, bestimmte Unzufriedenheiten dazu führen, dass möglicherweise eine Partei ihren Pflichten aus der Vereinbarung nicht nachkommt. Natürlich geschieht das bisweilen auch vorsätzlich. Wenn der Leistungsempfänger das nicht merkt, kann es zwei Folgen haben: Entweder treten keine nachteiligen Konsequenzen auf, was allerdings recht unwahrscheinlich ist. Oder bei entsprechend verzögerter Feststellung könnte der einseitige Vertragsbruch dann gewissermaßen auch einen Beziehungsbruch provozieren. Die Umsetzungsphase beinhaltet also neben den Handlungen selbst auch ein gebotenes Maß an gegenseitigem Controlling und eventueller Dokumentation des jeweiligen Umsetzungsstatus. Im Optimalfall halten alle Parteien das Abkommen ein. Dann stärken sie dadurch auch das gegenseitige Vertrauen, die Kundenzufriedenheit, die Mitarbeiterzufriedenheit oder andere soziale Aspekte.

- *Pflege*

Beziehungspflege

Als wichtiger Schritt in der Nachbereitungsphase wird auch die Pflege der Beziehung zu den Verhandlungspartnern vorgeschlagen (vgl. Erbacher, 2005). Ein guter Kontakt zum Partner reflektiert letztlich auch wieder auf die Zufriedenheit mit der Art und Weise der Umsetzung und der vertraglichen und persönlichen Beziehung. In Fällen kurzzeitiger und nur verteilungsbezogener Verhandlungen sind das Aufbauen einer Beziehung und deren Pflege eher untergeordnet (Thomas, 1992). Besonders aber in komplexen, lang angelegten oder integrativen Situationen, bei denen langfristige Geschäfts-, Arbeits- oder Kooperationsbeziehungen geschlossen werden sollen, profitieren beide Parteien, wenn sie die Ansprüche auf der gegenseitigen emotionalen Ebene hoch stecken. Je besser die Beziehung ist, desto besser werden auf lange Sicht auch Verhandlungsergebnisse sein (Mortensen, 2004).

- *Reflexion*

Schlussfolgerungen und Lernen

Schließlich gehört zur Rückschau auf den Verhandlungsprozess, über die aus der Vorbereitung und während der Durchführung offenbar gewordenen Kriterien im Sinne einer Selbstbewertung eine lernorientierte Manöverkritik zu üben. Dann wird ein guter Verhandelnder also auf seine Vorhaben und

Dokumentationen aus der Vorbereitung (Strategie, Einschätzung Verhandlungspartner, persönliche Ziele, Übung) und auf sein Verhalten und Auftreten während der Verhandlung zurückschauen und eine Einschätzung versuchen. Die Bereiche, die positiv bewertet werden, können als potenzielle gute Praxis für die nächste Verhandlung im vergleichbaren Kontext wieder eingesetzt werden. Aspekte mit negativer oder unklarer Beurteilung sollten als Auslöser für Lernprozesse oder zur Ableitung entsprechender Maßnahmen für künftige Verhandlungen dienen. Dieser Abschnitt der rückblickenden Analyse und des Controllings ist in einem wirksam umgesetzten Verhandlungsmanagement von essenzieller Bedeutung (vgl. auch Abschnitt 4.2 zu den Themen Entwicklung von Person und Organisation im Rahmen eines gezielten Verhandlungsmanagements). Genau daraus begründet sich die Sammlung von Controlling-Kategorien, die dieses gesamte Kapitel beschreibt.

Im Kasten werden die wesentlichen Fragen zur Verhandlungsnachbereitung zusammengefasst.

Checkliste zur Verhandlungsnachbereitung
Umsetzung
– Wie dokumentieren wir die Vereinbarung? – Was bedeutet die Vereinbarung für mich und für den anderen? – Was sind die nächsten Schritte? – Was muss ich als nächstes tun? – Woran bemerkt der andere, dass ich aktiv bei der Umsetzung bin? – Wie vermeide ich Unzufriedenheit beim anderen? – Was tue ich, wenn der andere sich nicht an seinen Teil der Vereinbarung hält?
Pflege
– Was kann ich zur Pflege der Beziehung tun? – Wann melde ich mich wieder bei meinem Verhandlungspartner? – Wie reagiere ich, wenn sich mein Verhandlungspartner bei mir meldet? – Welcher Rhythmus ist gut für die Beziehungspflege? – Welche Informationen oder künftige Angebote könnten für den anderen interessant sein? – Wie können wir gemeinsam über den Verhandlungsprozess reflektieren?
Reflexion
– Wie gut war meine Vorbereitung? – Welche Einschätzungen über mich und den anderen waren zutreffend? Welche nicht? – Wie gut war meine/unsere Durchführung?

- Welche Stärken habe ich?
- Welche Entwicklungsbereiche sehe ich?
- Was kann ich tun, um die Entwicklungsbereiche bis zum bzw. beim nächsten Mal zu bewältigen?
- Auf welchen Ebenen bedarf es einer Veränderung? Was hat sich im Sinne einer Best Practice bewährt?

3.3 Verhandlungskompetenz

Fähigkeiten, Fertigkeiten, Einstellungen und Werte

Die Frage nach der Verhandlungskompetenz umfasst für den einzelnen Verhandelnden die Frage nach seinen Fähigkeiten, Fertigkeiten, hilfreichen Einstellungen und Werthaltungen, die beim Verhandeln von Vorteil sein werden. Für ein Verhandlungsteam oder eine Organisation, die systematisches Verhandlungsmanagement betreiben, beinhaltet sie darüber hinaus Entscheidungen darüber, wer die Verhandlung durchführt, wie und aus wie vielen Personen ein Verhandlungsteam zusammengestellt wird, und welche Eigenschaften für den Erfolg in der jeweiligen Verhandlung benötigt werden. Einheitliche Empfehlungen dafür, wie und welche Verhandelnde für eine Verhandlung bestimmt oder als Team zusammengestellt werden sollen, gibt es aufgrund der Unterschiedlichkeit von Verhandlungen nicht. Immer leisten die Situation, Rahmenbedingungen, mögliche gemeinsame oder persönliche Erfahrungen und Erwartungen, kulturelle und organisationskulturelle Eigenheiten und individuelle Spezifika einen zusätzlichen Beitrag. Diese Entscheidungen sind demnach immer im Kontext der Rahmenbedingungen und weiterer Einflussvariablen und auch mit Blick auf die Effektivität und Effizienz für das Verhandlungsteam zu treffen. Grundsätzlich können die Bewertungskategorien zur Bestimmung von Verhandelnden pro Situation entlang weniger Faktoren zusammengefasst werden.

Voeth und Herbst (2009) strukturieren potenziell relevante individuelle Faktoren für Verhandlungseignung in drei Bereiche:
- *Organisationale Faktoren* (z. B. Position/Hierarchie, zugeordnete Organisationseinheit, Funktion/Rolle),
- *Sozidemografische Faktoren* (z. B. Gender-Rolle, Alter, Bildung, Kultur/Nationalität, Religion) und
- *Persönliche Faktoren* (z. B. Wissen, kognitive Fähigkeiten, Fertigkeiten, biografische Erfahrungen, Werte, Einstellungen, Persönlichkeitseigenschaften).

Eine gute Ausstattung an hilfreichen Faktoren für eine anstehende Verhandlung sichert allerdings noch nicht zwingend einen Verhandlungserfolg. Wohl profitiert ein Verhandelnder von einem Set an verhandlungsrelevanten Eigenschaften, Fähigkeiten, Einstellungen und Werthaltungen. Diese müssen dennoch in der Verhandlung situationsadäquat dosiert werden, um die Notwendigkeit aus der Situation und der anderen Verhandlungspartei zu berücksichtigen. Genau das ist in der Regel für die meisten Verhandelnden die eigentliche Herausforderung. Verhandlungskompetenz im engeren Sinne erfordert also einen wendigen, als versatil bezeichneten, Einsatz eigener Fähigkeiten und Stärken in der Verhandlung (Reardon, 2004). Erbacher (2005) differenziert die menschlichen Faktoren für Verhandlungserfolg demnach etwas breiter als die obige Darstellung und ergänzt zu den *Fähigkeiten*, *psychologischen Eigenschaften* wie Einstellungen und Grundhaltungen, *situativen Einschätzungen* der jeweiligen Situation und Verhaltensweisen der Verhandlungspartner noch die eben beschriebene *Interaktionsperspektive* mit Blick auf die Steuerung von Verhandlungsprozess und Kommunikation.

Situative Einschätzung und entsprechender Einsatz der Kompetenz

Die Frage nach persönlichen Kompetenzen als Voraussetzung oder mindestens als Unterstützung beim Verhandeln wurde aus unterschiedlichen Forschungsrichtungen untersucht. Die Erkenntnisse zeigen, dass im Bereich persönlicher Faktoren durchaus Unterschiede zwischen Menschen entlang einer Reihe von Eigenschaften und Persönlichkeitsfaktoren bestehen. Folgende relevante Merkmale sind bekannt und helfen, sich selbst entsprechend einzuordnen, zu messen oder auch gute und weniger gute Verhandelnde zu unterscheiden (Lewicki et al., 2006):

Unterscheidungsmerkmale entlang der Kompetenz

- Konfliktmanagement-Stil (integrativ vs. assertiv),
- Soziale Werte-Orientierung (sozial vs. egoistisch),
- Vertrauen in andere (Misstrauen vs. Vermutung der Integrität des anderen),
- Machiavellismus (Bedürfnis, ehrlich zu wirken und dafür zu manipulieren),
- Selbstwirksamkeit/Selbstverantwortlichkeit (Glauben an die eigene Leistung),
- Selbst-Monitoring (Suche nach Feedback von außen vs. aus sich selbst),
- Angst vor Gesichtsverlust (Bewertung der Situation als Chance vs. Bedrohung),
- Ambiguitätstoleranz (Umgang mit Unsicherheit),
- Fähigkeit zur Perspektivenübernahme (Empathie, Einfühlungsvermögen),
- Big Five Persönlichkeits-Faktoren (Extraversion, Verträglichkeit, Gewissenhaftigkeit, Emotionale Stabilität, Offenheit für Neues),
- Verarbeitungskapazität als Facette der Intelligenz (Umgang mit Komplexität).

Dreisatz aus „Ich“, „Du“ und „Inhalt“

Die einzelnen Erkenntnisse aus den oben berichteten Eigenschaften und Grundhaltungen sind in ein Modell zur Beschreibung von Verhandlungskompetenz eingeflossen (vgl. Abbildung 13). Das Modell ordnet persönliche Grundhaltungen in Verhandlungen relevanten Eigenschaften und motivationalen Komponenten zu (Behrmann, 2011). Damit ist es möglich, vor Verhandlungen relevante Eigenschaften zu gliedern und für ein umfassendes Verhandlungsmanagement messbar zu machen.

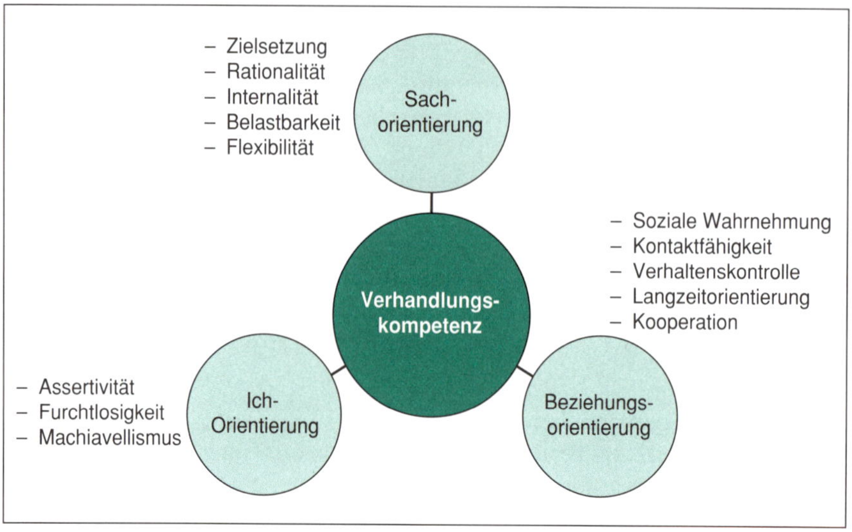

Abbildung 13:
Faktoren persönlicher Verhandlungskompetenz (Behrmann, 2011)

Wichtig zu erwähnen ist, dass das Vorhandensein einer Eigenschaft natürlich nicht jede Person zu einem guten Verhandler macht. Der bewusste Einsatz und vor allem die Dosierung in einer entsprechenden Situation sind dagegen zielführender. Sowohl zu wenig als auch zu viel von einer bestimmten Verhaltensweise kann zur Zurückhaltung des Verhandlungspartners führen. Gleichzeitig ist auch zu erwarten, dass bestimmte Eigenschaften in bestimmten Situationen eher zu einer Wirkung führen als andere, die dafür in anderen Situationen relevant sind. Somit ist das Spektrum der Eigenschaftsforschung für Verhandlungen eines, das breite Implikationen, gleichzeitig aber auch ein komplexes Feld eröffnet.

3.4 Gedanken und Eindrücke des anderen beim Überzeugen

Psychologische Wirkmechanismen sind vielschichtig

Für eine umfassende Analyse wünscht sich ein Verhandelnder letztlich auch zu erfahren und zu wissen, wie sein Verhalten und die Techniken und Mittel der Kommunikation, die er einsetzt, im anderen wirken. Gerade die psychologischen Prozesse und Wirkmechanismen sind bisweilen oft sogar der betreffenden Person selbst nicht vollständig zugänglich. Ursachen und Anhaltspunkte dafür zu finden, wie bestimmte Inhalte oder bestimmte Verhaltensweisen auf den Verhandlungspartner wirken oder gewirkt haben, birgt also stets Ungenauigkeiten und Fehlerpotenzial. Was genau am Ende den Ausschlag für einen finalen Überzeugungsschritt gegeben hat, ist nicht bis ins letzte Detail zu ergründen. Es kann ein bestimmtes Augenzwinkern sein,

ein bestimmtes Argument, die Tatsache, zu Person X gesprochen zu haben, ein Schweigen zum richtigen Zeitpunkt, ein eindringlicher und aktivierender Blick, der klare und entschlossene Wortschatz zu Beginn eines Treffens, die wertschätzenden Fragen zur persönlichen Situation des Verhandlungspartners oder ein Zusammenspiel aus allem oder vieles mehr. Es gibt viele Ursache-Wirkungs-Prozesse, die während jeder Kommunikation bewusst oder unbewusst sowie miteinander und unabhängig voneinander ablaufen – und das gleichermaßen auf verschiedenen Ebenen. Daraus die Schlussfolgerung zu ziehen, dass es zu komplex ist, um daraus zu lernen oder bestimmte Wirkmechanismen zu beschreiben, wäre jedoch nicht zielführend. Denn es hilft sehr wohl, sich verschiedene Wirkprozesse zu vergegenwärtigen, um bestimmte Hebel wirksam und konstruktiv in Verhandlungen einzusetzen. Auch hier ist eine detaillierte Analyse oft erst im Nachhinein möglich. Gleichermaßen geben in der Selbst- und Fremdbeobachtung eine Reihe verbaler, nonverbaler und auch körperlicher Reaktionen, die sich zumeist nicht eindeutig oder nur schwer interpretieren lassen, Anhaltspunkte für bestimmte Vorgänge und Wirkungen im anderen auch schon während einer Verhandlung. Die Kenntnis von Wirkmechanismen unter verschiedenen Perspektiven ist letztendlich Voraussetzung dafür, bestimmte Vorgänge und Phänomene bewusst und achtsam zu steuern oder angemessen darauf zu reagieren.

3.4.1 Emotionale und neuropsychologische Wirkmechanismen

Stresshormone oder Glückshormone auslösen: Vermeidung oder Annäherung

Ohne an dieser Stelle zu tief in die Neurophysiologie und körperliche Kreisläufe eindringen zu müssen, kann vereinfacht vermerkt werden, dass besonders emotionale Prozesse in einer Verhandlung auch bewusste und unbewusste Wirkungen körperlicher Art auslösen können. So können Bereiche des Adrenalin-Noradrenalin-Kreislaufs aktiviert werden, die in der Regel in Stresssituationen oder bei Kampf- und Fluchtaktionen einer Person wirksam sind. Oder es lassen sich Prozesse auslösen, die das Erwartungs- oder das Belohnungssystem des Menschen aktivieren und sich durch Beteiligung von körpereigenen Glückshormonen und Drogenstoffen wie Dopamin, Endorphinen und Opioiden als physiologische Botenstoffe auszeichnen (Birbaumer & Schmidt, 1996). Die emotionale Bewertung der Situation im Gespräch als angenehm und gut zu empfinden, erhöht die Aktivität des Annäherungssystems. Unangenehme oder negative Bewertungen triggern Abwehr- und Vermeidungsprozesse (Wenninger, 2002). Daraus lässt sich die Empfehlung ableiten, dass in Verhandlungen und bei Überzeugungsprozessen stets Annäherungssysteme angesprochen werden sollten. Dies wird erzielt, wenn Verhandlungspartner wirklich aufeinander eingehen, die Situation voller echten Verständnisses durchdringen und ein kooperatives Gespräch anstreben. Dabei sollte ein Meinungsaustausch ohne aggressive Verteidigung oder Schüren von Ängsten oder Einsatz von Drohungen geschehen (vgl. Tabelle 11).

Tabelle 11:
Annäherungs- und Vermeidungssystem bei Überzeugungsprozessen

	Annäherungssystem	Vermeidungssystem
Neurophysiologischer Bezug	Erwartungs- und Belohnungssystem	Kampf- und Fluchtsystem, Stresssystem
Aktivierte Botenstoffe	Endorphine, Opioide, Dopamin	Adrenalin, Noradrenalin
Mögliche unmittelbare Konsequenzen in Gesprächen bei Aktivierung	Positive Gefühle, Offenheit für Neues, Neugier, Kreativität, Vorfreude, Rahmenerweiterung	Aggression, Rückzug, Verteidigung, Zurückhalten von Informationen, Festfahren
Potenzielle langfristige Konsequenzen	Vertrauen, Entspannung, Bindung, Kooperation	Vorsicht, Skepsis, Absicherung, Wettbewerb
Beispielhafte Auslöser in Verhandlungen oder Überzeugungsprozessen	Lob, Anerkennung, Bestätigung, Spiegeln der emotionalen Situation, Verständnis, Interesse am anderen, gemeinsames Ziel formulieren, Gespräch auf Augenhöhe, Fairness, Gerechtigkeit, Ehrlichkeit, Wertschätzung, bekundeter Kooperationswille, u. v. a.	Unverständnis, Rechtfertigung, schnelles bestimmendes Auftreten, Forderungen, Drohungen, nicht zuhören, Desinteresse, Egoismus, Einsatz von Macht, Beleidigungen, Unterstellungen, Angriffe, Zynismus, manipulative Rhetorik, Mehrdeutigkeit, u. v. a.

3.4.2 Kommunikationspsychologische Wirkung von Gesprächsinhalten

Die vier Seiten einer Nachricht: Inhalt, Offenbarung, Appell, Beziehung

Der Kommunikationspsychologe Friedemann Schulz von Thun hat aufbauend auf Vorarbeiten von Paul Watzlawick und Karl Bühler Ende der 1970er Jahre ein Modell vorgestellt, das als Analyseraster ebenso wie als Orientierung für klassische Unterschiedlichkeiten in der Wahrnehmung und Bewertung von Gesprächsinhalten zwischen Gesprächspartnern dient: Das Kommunikationsquadrat zwischen Sender und Empfänger von Nachrichten (Schulz von Thun, 2001). Annahme dieses Rasters ist, dass jedes Gespräch, jede Nachricht, jede Äußerung zwischen Personen mehrere Botschaften enthält. Es unterteilt insgesamt vier Aspekte entlang der vier Kanten eines Quadrats. Neben dem Sachinhalt („was ich sage") finden sich in Gesprächen demnach eine Selbstoffenbarung („was ich von mir zu erkennen gebe"), eine Beziehungsbotschaft („was ich vom anderen halte") sowie ein Appellaspekt („was ich beim anderen erreichen möchte"). Sowohl für den Sender als auch den Empfänger einer Nachricht ist es also von Bedeutung, die richtigen Aspekte zu betonen („vier Ohren" und „vier Zungen"). In einer Verhandlung angewandt, sieht eine analysierte Situation beispielsweise wie in den beiden nahezu prototypischen Aussagen in Abbildung 14 aus.

Beispiel 1:

Sachinhalt:
Der Preis ist hoch.

Selbstoffenbarung:
Ich lege Wert auf günstige Preise.
Ich schätze den Wert der Leistung anders ein.

Das ist aber viel zu teuer!

Appell:
Prüfen Sie, welchen Spielraum Sie haben!
Erklären Sie mir, was den Preis rechtfertigt!

Beziehung:
Sie riskieren mich zu verlieren.
Ihre Preise passen nicht für mich.

Beispiel 2:

Sachinhalt:
Mein Ziel ist ein anderes.

Selbstoffenbarung:
Ich fühle mich nicht genug wertgeschätzt.
Ich lege Wert auf eine passgenaue Lösung.

Es interessiert Sie wohl gar nicht, was ich will und was nicht?

Appell:
Bitte berücksichtigen Sie meine Bedürfnisse!
Interessieren Sie sich für mich!

Beziehung:
Sie gehen nicht auf mich ein.
Sie denken nur an sich.
Sie haben mein Ziel nicht verstanden.

Abbildung 14:
Zwei Beispiele für die Anwendung des Kommunikationsquadrats in Verhandlungen

Sender und Empfänger: Unterscheiden von Gesagtem und Gemeintem

Für die Analyse und Steuerung von Kommunikation gibt dieses Raster sowohl für den Sender als auch für den Empfänger einer Nachricht oder Äußerung im Gespräch Hinweise für die Wahrnehmung, Reaktion oder Lenkung des Überzeugungsgesprächs. Denn das Analysemodell zwingt die Gesprächspartner, zwischen Gesagtem und Gemeintem zu unterscheiden. Um erfolgreich in einer Verhandlung zu kommunizieren, ist es notwendig, alle vier Seiten einer Äußerung wahrzunehmen und vor allem die konstruktiven Aspekte dabei gezielt und aktiv zu verstärken. Gerade für Verkäufer besteht die wichtige Anforderung, möglichst viele Informationen über einen potenziellen Kunden zu sammeln, bevor ein schlüssiges und entsprechendes Angebot erstellt werden kann. Verkäufer, die ihren Gesprächspartner mit dem „Selbstoffenbarungs-Ohr" hören, erhalten viele Inhalte in diesem Bereich. Auch für Führungskräfte ergeben sich entsprechende Ableitungen. Wenn Führungskräfte dazu tendieren, entweder stark in der Sache oder stark auf der persönlichen Ebene zu führen, dann konzentrieren sie sich entweder sehr stark auf Wahrheitsgehalt, Relevanz und Hinlänglichkeit von Aussagen von Mitarbeiterinnen und Mitarbeitern oder eben stark auf Beziehungs- und Motivationsaspekte (Schulz von Thun, Ruppel & Stratmann, 2008). Für eine wirkungsvolle Kommunikation und im Überzeugungsprozess mit anderen ist es wichtig, in allen vier Modi empfänglich zu sein und beim Gegenüber im Überzeugungsprozess die positiven Aspekte, die möglicherweise überhört oder nicht bewusst verwendet wurden, zu aktivieren und zu bestätigen. Insofern liefern die vier Seiten einer Nachricht wertvolle Hinweise zum passiven und aktiven Gestalten von Gesprächen und Beziehungen. Die eigene Sprechweise kann gezielt daraufhin geschult werden, bestimmte Bereiche bewusst zu verdeutlichen. In den Beispielen in Abbildung 14 könnten aktivierende Formulierungen etwa folgendermaßen lauten: „Können wir das Preis-Leistungs-Verhältnis noch einmal im Detail anschauen?" (Beispiel 1). Für Beispiel 2 könnte eine konstruktive und verständnisvolle Antwort etwa sein: „Ich habe den Eindruck, wir sollten einen kleinen Schritt zurück machen. Mir ist wichtig, zunächst genau zu klären, was die Lösung bringen soll, damit es am Ende dann auch passt. Was halten Sie davon?"

3.4.3 Sozialpsychologische Wirkmechanismen der Begrenzung von Rationalität

Die Analyse und Bewertung bestimmter Verhaltensweisen und Aussagen in Verhandlungen folgt einerseits der Chronologie der Verhandlung, festgelegter harter Kriterien im Hinblick auf Lösungsalternativen sowie der Bewertung der Zielerreichung. Nun ist es andererseits wichtig, sich zu vergegenwärtigen, dass bestimmte Phänomene während der Verhandlung rationales Verhalten beeinflussen oder gar umgehen. Solche Bewertungsfehler umfassen kognitive Fehlschlüsse und Phänomene sozialer Beeinflussung. Die Kenntnis von beiden hilft in der Vorbereitung ebenso wie in der Nachbereitung einer Verhandlung. Wenn man herausfinden kann, welcher bewussten oder unbeabsichtigten Manipulation durch den Verhandlungspartner man erlegen ist oder in welcher Art die objektive Bewertung einer Situation gestört wurde, kann man für (künftige) Verhandlungen Strategien und Techniken zum Gegensteuern überlegen und später gezielt einsetzen (detaillierte Ausführungen z. B. bei Edmüller & Wilhelm, 2010).

Kontrolle von Bewertungsfehlern zur Vermeidung von Manipulationen

Kognitive Fehlschlüsse

Falsche Schlussfolgerungen und Denkabkürzungen

Kognitive Fehlschlüsse resultieren vor allem aus der Begrenzung menschlicher Informationsverarbeitung. Das menschliche Gehirn nutzt gewissermaßen Abkürzungen und Vereinfachungen im Bewerten von Informationen. Solche Abkürzungen, sogenannte Heuristiken, helfen dem Einzelnen, schnell reagieren zu können. Menschen greifen in ihrem täglichen Verhalten und Urteilen in sehr vielen Momenten auf Heuristiken zurück und sind damit verblüffend erfolgreich. Bisweilen führen solche Abkürzungen allerdings auch zu Fehlschlüssen (Bazerman & Malhotra, 2007). In Tabelle 12 sind mögliche Fehlschlüsse und Denkfehler in Verhandlungen zusammengefasst und beschrieben.

Tabelle 12:
Kognitive Fehlschlüsse in Verhandlungen (nach Lewicki et al., 1998, 2006)

Kognitiver Fehlschluss	Beschreibung	Kontrolle
Irrationales Engagement	beruht auf der Annahme, nach Festlegen oder Äußern der eigenen Meinung die Position weiter vertreten zu müssen, um als glaubwürdig zu gelten	Prüfen und Orientieren an der Realität, Erwägen von Alternativen, Offenheit für Meinungsänderung, Kooperation als Ziel
Mythos begrenzter Ressourcen	beruht auf der Annahme eines klassischen Verteilungskonflikts, bei dem es darum geht, von begrenzten Ressourcen den größtmöglichen Teil zu erhalten	Prüfen und Orientieren an der Realität, Feststellen fester vs. variabler Verhandlungskriterien, Versuch der Rahmenerweiterung, Offenheit
Verankerung und Anpassung	beruht auf der Tendenz, potenzielle Lösungen relativ zu einem Anfangsangebot („Anker") zu bewerten und Anpassungen von diesem Referenzpunkt vorzunehmen	Prüfen und Orientieren an der Realität, sich bewusst von Ankern lösen, Bewerten von Lösungen an vorab definierten Kriterien/Zielen
Einbettung und Framing	beruht auf der Tendenz, durch sprachliche Rahmensetzung in eine bestimmte Richtung gelenkt zu werden, was die Lösungsfindung als Prägung oder Priming beeinflusst	Prüfen und Orientieren an der Realität, bewusst Risikoszenarien vermeiden, gezielte konstruktive Rahmensetzungen, Vorbereitung
Verfügbarkeit von Information	beruht auf der Tendenz, durch einfache Signale oder gerade gehörte Information stärker beeinflusst zu werden als durch bestehendes oder entfernteres Wissen	Prüfen und Orientieren an der Realität, Übersicht schaffen, Strukturierung sachlicher und Präsentation relevanter Information
Gewinn mit Reue	beruht auf der Tendenz, leichte Verhandlungen und Erfolge als weniger wertvoll wahrzunehmen oder abzuwerten (auch als „Fluch des Gewinners" bezeichnet)	Prüfen und Orientieren an der Realität, objektive Maßstäbe, Vergegenwärtigen eigener Stärken, Planen einer Strategie
Übersteigertes Selbstvertrauen	beruht auf der Tendenz, das eigene Selbstvertrauen zu überschätzen bspw. auch aufgrund von Fachexpertise, was zu unangemessenem Verhalten führen kann	Prüfen und Orientieren an der Realität, sorgfältige Planung, Gespräch auf Augenhöhe anstreben, Feedback von anderen einholen
Gesetz der kleinen Zahl	beruht auf der Tendenz, die Zahl eigener Erfolge in die Zukunft zu extrapolieren (also von schon wenigen Erfolgen auf die Zukunft zu generalisieren) und so die künftige Wahrscheinlichkeit eigener Erfolge zu überschätzen	Prüfen und Orientieren an der Realität, Bewusstmachen der Unterschiedlichkeit von Situationen, gezielte Strategie, Lernhaltung

Tabelle 12 (Fortsetzung):
Kognitive Fehlschlüsse in Verhandlungen (nach Lewicki et al., 1998, 2006)

Kognitiver Fehlschluss	Beschreibung	Kontrolle
Selbstwertschutz	beruht auf der Tendenz, das Verhalten anderer als persönlichkeitsbegründet zu erklären, bei eigenem Verhalten aber situative Einflüsse zu berücksichtigen, um das eigene Selbstbild zu erhalten (auch als „fundamentaler Attributionsfehler" bekannt)	Prüfen und Orientieren an der Realität, gleiche Maßstäbe für sich und andere ansetzen, Ausrichten an sachlichen Informationen, möglichen Widerstand gegen eigene Ideen antizipieren, Perspektivenwechsel
Rationalisierung	beruht auf der Tendenz, subjektive Theorien über Ursache-Wirkungs-Zusammenhänge anzuwenden und so Situationen falsch einzuschätzen	Prüfen und Orientieren an der Realität, auf gesicherte Informationen stützen, vage Annahmen vermeiden, Vorbereitung
Besitztums-Effekt	beruht auf der Tendenz, den Wert einer Sache, wenn man sie (bereits) besitzt, anders einzuschätzen als ihr eigentlicher Wert ist, wodurch Zahlungsbereitschaft und Kaufbereitschaft gegenläufig beeinflusst werden (für bereits vorhandenen Besitz will man weniger ausgeben als für nicht vorhandenen)	Prüfen und Orientieren an der Realität, gemeinsames übergeordnetes Ziel vereinbaren, objektive Bewertungsmaßstäbe ansetzen, Perspektivenwechsel
Ignorieren anderer Kognitionen	beruht auf der eigenen Annahme, bestimmte Gedanken oder Ideen anderer Personen gut zu verstehen oder nachvollziehen zu können, was dazu führt, zu wenig auf den anderen einzugehen	Prüfen und Orientieren an der Realität, sich loslösen von Vorerwartungen, Generalisierungen vermeiden, Fragen stellen, aktives Zuhören, Offenheit
Reaktives Herunterspielen	beruht auf der Tendenz, das Entgegenkommen eines anderen durch Gefühle oder Eindrücke geleitet niedriger zu bewerten, nur weil es vom anderen ausgeht	Prüfen und Orientieren an der Realität, gleiche Maßstäbe für sich und andere ansetzen, Kooperation unterstellen, Perspektivenwechsel

Soziale Beeinflussung

Sozialer Einfluss als Folge des Vermeidens von Unbehagen

Die zweite Kategorie sozialpsychologischer Wirkfaktoren sind Phänomene sozialer Beeinflussung. Tabelle 13 beschreibt und definiert deren Prinzipien und schlägt Möglichkeiten zur Kontrolle und Vermeidung vor. Die Phänomene entstammen breiter sozialpsychologischer Forschung und basieren fast immer auf der grundlegenden menschlichen Tendenz, eigene Dissonanzen im Verhalten oder nach Entscheidungen vermeiden zu wollen (*Theorie kognitiver Dissonanz,* Festinger, 1957).

Beim aufmerksamen Studium der einzelnen Prinzipien drängt sich die Frage auf, ob die Wirkung solcher Effekte grundsätzlich kontraproduktiv in Verhandlungen ist. Die Antwort darauf muss die Frage nach der Absicht der Verhandlungspartner geben. Werden diese Einflusstechniken nämlich gezielt hervorgerufen, um dem Verhandlungspartner zum Vorteil der eigenen Partei zu schaden, so ist der andere gut beraten, Kontroll- und Abwehrmechanismen zu kennen und einzusetzen. Mit dem Ziel, eine Win-Win-Situation zu unterstützen, können die Effekte aber auch nutzbringend oder effizienzfördernd in Verhandlungen sein. Manipulation ist also eine Frage der Einstellung dessen, der sie einsetzt.

Tabelle 13:
Prinzipien sozialen Einflusses mit Auswirkungen auf Verhandlungen (nach Cialdini, 2001)

Quelle sozialer Beeinflussung	Beschreibung	Kontrolle
Reziprozität	beruht auf der menschlichen Tendenz, für ein Entgegenkommen des anderen die Bereitschaft zur Kooperation zu erhöhen (z. B. relevant bei der sogenannten Tür-ins-Gesicht-Technik, bei der ein Verhandelnder nach einer ersten unerhört hohen Forderung eine zweite kleine Forderung als Entgegenkommen darstellt)	Prüfen und Orientieren an der Realität, Zugeständnisse an objektiven Maßstäben festmachen, Mut zu widersprechen, an Fairness und Vernunft appellieren, Bewusstmachen der Einflusstechnik
Konsistenz und Verbindlichkeit	beruht auf dem menschlichen Bedürfnis, konsequent aufzutreten und dadurch Zusagen zum eigenen Nachteil zu machen (z. B. relevant bei der sogenannten Fuß-in-die-Tür-Technik, bei der ein Verhandelnder nach dem Erzielen eines kleinen Zugeständnisses ein weiteres größeres Entgegenkommen fordert)	Prüfen und Orientieren an der Realität, Zugeständnisse an objektiven Maßstäben festmachen, Mut zu widersprechen, an Fairness und Vernunft appellieren, Bewusstmachen der Einflusstechnik
Soziale Bewährtheit	beruht auf der menschlichen Tendenz, positiven Empfehlungen und Erfolgsberichten einzelner stärkere Gewichtung zu geben (z. B. relevant bei Testimonials oder persönlichen Erfahrungen besonders bei Personen, die der zu überzeugenden Person ähnlich sind)	Prüfen und Orientieren an der Realität, Bewertung der Berichte an objektiven Maßstäben und Statistiken, Bewusstmachen der Einflusstechnik
Sympathie	beruht auf der menschlichen Tendenz, Personen, die einem selbst bekannt sind oder die man mag, größeren Glauben zu schenken (z. B. relevant, wenn der Einfluss vertrauter Personen eingesetzt wird und Sympathie durch Ähnlichkeit, Komplimente oder Nähe angestrebt wird)	Prüfen und Orientieren an der Realität, Trennen von Person und Sache, unangemessene Schmeicheleien aufdecken, Bewusstmachen der Einflusstechnik

Tabelle 13 (Fortsetzung):
Prinzipien sozialen Einflusses mit Auswirkungen auf Verhandlungen (nach Cialdini, 2001)

Quelle sozialer Beeinflussung	Beschreibung	Kontrolle
Autorität	beruht auf der menschlichen Tendenz, der Meinung von Personen mit besonderer Autorität mehr Glaubwürdigkeit zuzugestehen und Glauben zu schenken (z. B. relevant, wenn besondere Merkmale wie Titel, bestimmte Berufskleidung oder Uniformen oder Schmuck zum Erwecken einer vermeintlichen Expertise genutzt werden)	Prüfen und Orientieren an der Realität, Bewertung von Aussagen an objektiven Maßstäben, zweite Meinung einholen, Autoritäten auf Glaubwürdigkeit und potenzielle Expertise prüfen, Bewusstmachen der Einflusstechnik
Knappheit	beruht auf der menschlichen Tendenz, begrenzte Güter gegenüber solchen im Überschuss vorhandenen als attraktiver und wertvoller wahrzunehmen, sogenannter Reaktanz-Effekt (z. B. relevant bei künstlicher Begrenzung, Zensur oder Exklusivität eines Angebots hinsichtlich Menge oder Zeit)	Prüfen und Orientieren an der Realität, Bewertung von Leistungen an objektiven Maßstäben und Kriterien, sich lossagen von zeitlichem Druck, Fokus auf gesamtes Leistungsspektrum, Bewusstmachen der Einflusstechnik
Einfache Zustimmung	beruht auf der menschlichen Tendenz, einzelne Informationen oder Heuristiken zu verwenden und daraus automatische Schlussfolgerungen für einen Sachverhalt zu ziehen (z. B. relevant im Zusammenhang mit Vorurteilen oder der Betonung auffälliger Attribute, die andere Aspekte überstrahlen, sogenannter Halo-Effekt).	Prüfen und Orientieren an der Realität, sachliche Bewertung bestimmter Attribute, sich Wahrnehmungsfehler vergegenwärtigen, eigene spontane Entscheidungen hinterfragen, tiefes und breites Verständnis verfolgen, Bewusstmachen der Einflusstechnik

4 Vorgehen für erfolgreiches Verhandlungsmanagement

4.1 Identifikation kompetenter Verhandelnder

Auswahl und Positionierung guter Verhandler

In einer Organisation diejenigen Personen zu finden oder zu rekrutieren, die die Eignung für Verhandlungen im Allgemeinen oder für eine bestimmte Verhandlung mit sich bringen, stellt Personalfachleute ebenso wie Unternehmensleiter, Manager oder Berater vor eine herausfordernde Aufgabe. In der Regel sind solche unbedingten Selektions- und Platzierungsentscheidungen schon aufgrund organisationaler Gegebenheiten gar nicht so einfach möglich, weil bestimmte Stelleninhaber per Definition oder per Funktion für eine Verhandlung vorgegeben sind oder ausgewählt werden müssen. Wenn aber der Personalbereich mit dem Auswahlverfahren einen eigentlichen Beitrag liefern kann und die notwendigen Kriterien wie Rolle, Funktion, hierarchische Position und Prokura vorbestimmt oder unabhängig von einer Diagnose der Qualifikation für Verhandeln sind, dann bieten sich eine Reihe von Methoden und Zugängen an.

4.1.1 Methoden

Vorhandene Methoden zur Identifikation von Personen mit starker Verhandlungskompetenz basieren auf unterschiedlichen Herangehensweisen. In manchen Fällen werden bestimmte Ergebnisse von Verhandlungen oder simulierten Situationen erfasst. In anderen werden aktuelle Verhaltensweisen betrachtet. Wieder andere zielen auf die Messung von in der Person liegenden Einstellungen oder Eigenschaften. Diese unterschiedlichen Modi ergeben sich analog dreier unterschiedlicher Ansätze der Eignungsdiagostik, die in Kombination fundiertere Aussage erlauben (Schuler & Höft, 2006) und sich eben nicht nur auf eine singuläre Methodik beschränken. Für die Anwendung in der Praxis bedeutet das, dass beispielsweise eine Kombination von einem Verfahren, das biografische Erfolgskriterien oder Ergebnisse früherer Verhandlungen erfragt, mit einer Verhandlungs-Simulation und einem Persönlichkeitstest eine gute Messbatterie zur Bestimmung von Verhandlungsexperten darstellt. Die Verhandlungs-Simulation kann beispielsweise im Rahmen eines Assessment Centers stattfinden. Der Persönlichkeitstest sollte im Hinblick auf die Passung zu relevanten inhaltlichen Kriterien – und natürlich wissenschaftlicher Gütekriterien – ausgewählt werden. Er kann auch durch Verfahren ergänzt oder ersetzt werden, die die Passung zur Wertekultur einer Organisation prüfen. Im Grunde gilt die Empfehlung, für eine tiefgreifende und verhandlungsspezifische Personendiagnostik zunächst eine konkrete Tätigkeits- oder Anforderungsanalyse (Schuler, 2000) für die jeweilige Verhandlungssituation vorzuschalten. Verhandlungen sind per se sehr unterschiedlich – beispielsweise bezüglich Umfang, zeitlicher Dauer,

Mehrere Assessment-Verfahren besser als Einzelmethode

Abfolge einzelner Verhandlungen, organisationalem Niveau oder der Anzahl beteiligter Interessengruppen. Eine zielgenaue Anforderungsanalyse ermittelt die Anforderungskriterien und gewährleistet, dass relevante Aspekte gemessen und nicht benötigte nicht erfasst werden. Nicht relevante Eigenschaften gar nicht erst zu erfassen, empfiehlt sich aus zeitlichen, finanziellen, betriebsbedingten, firmenpolitischen und juristischen Gründen. Zudem folgt es auch dem Gebot der sozialen Validität. Demnach soll eine Situation, in der persönliche Daten erfasst oder gemessen werden, für den Teilnehmer unter anderem nachvollziehbar, transparent und fair sein (Schuler, 2000). Aus finanziellen und pragmatischen Gründen weicht eine detaillierte Voranalyse in der Praxis meist einer plausiblen und inhaltlich wie fachlich begründeten Auswahl von Verfahren. Dieser Band liefert hierzu entsprechende Hinweise bezüglich benötigter Eigenschaften und relevanter Verhaltenskomponenten (vgl. hierzu auch Abschnitt 3.3).

Anforderungsanalyse vorgeschaltet

Wenn Verhandlungsgeschick erfasst werden soll, setzt dies natürlich voraus, dass es messbar ist. Genau hier zeigt sich eine Herausforderung für die Kompetenzdiagnostik als wissenschaftliche Methodik. Handelt es sich bei Verhandlungsgeschick um eine Charakteristik im Sinne einer stabilen persönlichen Eigenschaft oder aber eher um eine Fähigkeit oder eine erlernbare Eigenschaft, die sich unter bestimmten Umständen auch mehr oder weniger stark entwickelt? Der Blick auf die Forschungsdiskussionen und das vorliegende Wissen in verwandten inhaltlichen Bereichen (Führen, Verkaufen) sowie die Verhandlungsforschung selbst erlaubt die Schlussfolgerung, dass wohl eine Kombination aus beidem gepaart mit zielorientiertem Verhalten die Wahrheit am nächsten abbildet. Verhandlungskompetenz basiert somit auf einem Set an Eigenschaften in der Persönlichkeit und anderen Bereichen, die eine Person zu einer bestimmten Ausprägung ohne eigene Anstrengung besitzen kann. Darüber hinaus beinhaltet Verhandlungskompetenz aber auch die notwendige Einschätzung darüber, wann welche Eigenschaft in welcher Ausprägung einzusetzen ist. Beide Bereiche können sich grundsätzlich auch entwickeln und trainiert werden (Behrmann, 2010). Ziel von Messinstrumenten von Verhandlungsskills sollte es also sein, für Verhandeln relevante Eigenschaften aus Persönlichkeit und Veranlagung zu erfassen und daneben kontextspezifisches Wissen über bestimmte Verhandlungssituationen zu prüfen. Darin kann beispielsweise die persönliche Einschätzung darüber geprüft werden, welche Fähigkeit oder darauf beruhendes Verhalten in einer bestimmten Situation abzurufen oder zu zeigen sind.

Verhandlungsgeschick entwickelt sich, Messung ist jeweils Status quo

Es bieten sich insgesamt eine Reihe von Möglichkeiten an, die auf die personbedingten Voraussetzungen von Verhandlungsgeschick Rückschlüsse ziehen lassen und die auch empfohlen werden können. Im Folgenden werden diese aufgeführt und kurz bewertet (vgl. Tabelle 14). Da eine ausführliche Darstellung der Methoden den Rahmen dieses Bandes überschreiten würde, wird dafür auf spezifischere Literatur verwiesen (z. B. Schuler, 2000; Whetzel & Wheaton, 2007).

Viele Methoden zur Messung von Verhandlungsgeschick

Tabelle 14:
Methoden zur Erfassung von Qualifikationskriterien für Verhandelnde

Methode	Vorteile	Nachteile
Biografie und Erfahrungen: z. B. schriftliche oder mündliche Fragen zu vorherigen Verhandlungen, relevante hilfreiche Erfahrungen für Verhandlung in bestimmter Situation/Inhaltsdomäne oder bestimmte Verhandlungserfolge	– leicht erfassbar – situationsspezifisch möglich – als Instrument schnell entwickelbar – schnell zu beantworten	– Vergleichbarkeit mit angestrebter Situation u. U. eingeschränkt – Messgenauigkeit eingeschränkt (tatsächliche Erfahrung vs. berichtete Erfahrung) – Auswertung ggf. auf Berichtsbasis aufwendig – Vernachlässigen von Veränderungen seit der Vergangenheit und in der Zukunft
Erwirkte Verhandlungsergebnisse: Ergebnisse aus Verhandlungen der Person in der Organisation bei Unternehmenszugehörigkeit oder Informationen über solche von Referenzgebern oder aus entsprechenden Berichten	– relativ leicht erfassbar – meist gut überprüfbar mit relevanten Kennziffern – schnell zu beantworten – als Instrument schnell entwickelbar	– unterschiedliche Definition von Erfolg in Verhandlungen (Zahlen, Prozesse, Vereinbarungen, beziehungsrelevante Ziele, etc.) – Vergleichbarkeit mit angestrebter Situation u. U. eingeschränkt – Messgenauigkeit eingeschränkt aufgrund weiterer Einflussfaktoren auf den Verhandlungserfolg – Vernachlässigen von Veränderungen seit der Vergangenheit und für die Zukunft – vorherige Zugehörigkeit zur Organisation oder Referenzen notwendig – ggf. aufwendige Recherche
Bewertung gemeinsamer Erfahrungen: Einschätzungen aus persönlichen Erfahrungen mit der relevanten Person, z. B. in vorausgegangenen Treffen wie bei Gehalts- und Vertragsverhandlungen, Verkaufssituationen, in Konfliktsituationen etc.	– leicht erfassbar aus Beobachtung – Berücksichtigen von persönlicher Passung auf die Zielsituation – Beobachtungskriterien oder Skalen schnell und günstig entwickelbar	– meist unsystematisch – Vorhersagekraft der Einschätzung unklar – oft nur subjektiv (und daher ggf. auch rechtlich anfechtbar) – meist nur Einzelsituation – meist nur allgemeiner Eindruck – meist nur im Nachhinein
Leistungsbewertungen relevanter Kriterien: Einschätzungen aus Leistungsbeurteilungen im Unternehmen auf Kompetenzen, die für Verhandeln relevant sind, z. B. soziale Kompetenz, Umsetzungsstärke, Abschlussorientierung, Zielorientierung, Umgang mit Komplexität, unternehmerische Orientierung, Führung, o. Ä.	– leicht auf Zielsituation übertragbar, wenn systematische Leistungsbewertung vorhanden ist – schnell zu erfassen – Fremdbeurteilung meist von direkten Vorgesetzten oder Personen, die längere Beobachtungsmöglichkeiten hatten	– Objektivität und Qualität der Einschätzung möglicherweise eingeschränkt, wenn Leistungsbewertungssystem in der Organisation nicht gut umgesetzt ist – Vernachlässigen von Veränderungen in der Zukunft – vorherige Zugehörigkeit zur Organisation oder Referenzen oder Vorliegen systematischer Zeugnisse notwendig

Tabelle 14 (Fortsetzung):
Methoden zur Erfassung von Qualifikationskriterien für Verhandelnde

Methode	Vorteile	Nachteile
Wissens- oder Fachkenntnistests: Erfassung relevanten Wissens oder von Domänenkenntnissen für die Verhandlung	– Ersparen von Folgekosten oder Zeitverlust beim Erlernen oder Aneignen nötigen Wissens – Tests i. d. R. schnell und objektiv auswertbar – keine Verhandlungserfahrung notwendig	– Tests müssen u. U. unter Zeitaufwand und hoher Investition entwickelt werden – nicht alles Wissen für Verhandlungen ist abbildbar – tatsächlicher Nutzen des Wissens in der Realität oft nicht prüfbar
Tests für Persönlichkeitseigenschaften und Einstellungen: Erfassung relevanter und verwandter Eigenschaften und Einstellungen für Verhandlungserfolg, z. B. Gewissenhaftigkeit, Fairness, Zielfokus, Leistungsmotivation, Selbstbehauptung, o. Ä., zumeist Online-Erfassung	– viele Tests verfügbar – bei bewährten Verfahren Qualitätskriterien meist gut prüfbar – schnell anwendbar – wenig Personalaufwand nötig – Tests i. d. R. schnell und objektiv auswertbar – gutes Kosten-Nutzen-Verhältnis – keine Verhandlungserfahrung notwendig	– häufig nicht im Verhandlungskontext entwickelt – häufig Breitband-Diagnostika, die auch nicht benötigte Aspekte erfassen – für erfolgreiches Verhandeln ist auch ein gezielter Einsatz der Eigenschaften notwendig
Tests für kognitive Fähigkeiten und Intelligenz: Erfassung relevanter Facetten der Intelligenz, die in Verhandlungen wichtig sind, z. B. Verarbeitungskapazität, Bearbeitungsgeschwindigkeit, Merkfähigkeit, Kreativität, o. Ä., teilweise Online-Erfassung	– viele Tests verfügbar – bei bewährten Verfahren Qualitätskriterien meist gut prüfbar – wenig Personalaufwand nötig – Tests i. d. R. schnell und objektiv auswertbar – gutes Kosten-Nutzen-Verhältnis – keine Verhandlungserfahrung notwendig	– häufig nicht im Verhandlungskontext entwickelt – häufig Breitband-Diagnostika, die auch nicht benötigte Aspekte erfassen – Akzeptanz der Verfahren in der Zielgruppe meist niedrig, da nicht unmittelbar plausibel – meist hoher zeitlicher Aufwand
Auswahlgespräche und Interviewleitfäden: Fragen in unstrukturierten oder strukturierten Auswahlgesprächen, die auf bestimmte Aspekte von Verhandlungserfahrung oder relevante Eigenschaften abzielen	– persönlicher Kontakt als relevantes zusätzliches Kriterium zur Bewertung der Interaktion – als Instrument meist schnell entwickelbar – schnell zu beantworten	– Risiko von Beurteilungsfehlern (besonders bei unstrukturierten Interviews) – Messgenauigkeit insgesamt in Bezug auf Ziel zu prüfen – aufwendige und meist teure Entwicklung und Erprobung (bei systematischen Instrumenten) – hoher Personaleinsatz
Assessment Center: Kombination verschiedener meist interaktiver Verfahren, z. B. Präsentation, Rollenspiel, Szenario, Gruppendiskussion, teilweise mit zusätzlichen Tests	– persönlicher Kontakt als relevantes zusätzliches Kriterium zur Bewertung der Interaktion – Beobachtung echten Verhaltens – realitätsnahe Darstellung von Anforderungssituationen – hohe Akzeptanz bei Zielgruppe	– Risiko von Beurteilungsfehlern (besonders bei unstrukturierten Verfahrensteilen oder ungeschulten Beobachtern) – Messgenauigkeit insgesamt in Bezug auf Ziel zu prüfen – aufwendige und meist teure Entwicklung und Erprobung (bei systematischen Instrumenten) – hoher Personaleinsatz in der Durchführung

Tabelle 14 (Fortsetzung):
Methoden zur Erfassung von Qualifikationskriterien für Verhandelnde

Methode	Vorteile	Nachteile
Situative Simulationen: Text- oder videobasierte Verfahren, die Verhandlungs- und Überzeugungssituationen darstellen und Bewertungen von Lösungsmöglichkeiten prüfen, sogenannte Situational Judgment Tests, zumeist Online-Erfassung	– realitätsnahe Darstellung von Anforderungssituationen – hohe Akzeptanz bei Zielgruppe – meist schnell in der Durchführung – wenig Personaleinsatz nötig – Tests i. d. R. schnell und objektiv auswertbar – keine Verhandlungserfahrung notwendig	– teurer Entwicklungsaufwand, wenn kontextspezifischer Einsatz – wenige verhandlungsspezifische Verfahren verfügbar – Vorhersagekraft für reales Verhalten nicht eindeutig
Echtzeit-Simulationen: Interaktive simulierte Praxis-Verhandlungssituation oder Fallstudien, in denen Lösungen ausgearbeitet werden oder/und reales Verhalten beobachtet wird	– sehr spezifisch und nahe an realer Zielsituation möglich – Bewerten der Verhandlungsleistung und des Verhaltens auf bestimmten Beobachtungsbögen (Skalen und Kriterien) leicht möglich – Einsatz auch im Rahmen von Workshops und Seminaren möglich	– hoher Entwicklungsaufwand – meist hoher Personalaufwand (Rollenspieler) – nur ein Verhaltensausschnitt beobachtbar – ungewollte Effekte durch unbewusste Aktivitäten von Beobachtern oder Rollenspielern möglich, die bestimmtes Verhalten provozieren
Arbeitsproben oder Bewährungssituationen: Einschätzungen oder erwirkte Ergebnisse, z. B. in Feldbegleitung in realen Verhandlungen oder Überzeugungsgesprächen, Präsentationen, Moderation, Konfliktmanagement; Beobachtung im täglichen Arbeitsverhalten, o. Ä.	– meist gute und realistische Einschätzung der Kompetenzen und des Potenzials für die Zukunft – hohe Akzeptanz bei Zielgruppe – spezifischer Einsatz möglich – gut bei sich wiederholenden Situationen und Verhandlungen – meist gute Qualität als Kriterium – Lernen während der „Messung“ durch Weitergabe der Erfahrung durch den Begleiter möglich	– Zugehörigkeit zur Organisation notwendig – langer Beobachtungszeitraum – Verhandlungssituationen ggf. nicht wiederkehrend – nicht eindeutig, auf welcher Ebene sich Lerneffekte in der Erfahrung auswirken (Verhalten, Einstellung, Persönlichkeit, etc.) – hoher Zeit- und Personalaufwand – systematische Beobachtungsinstrumente oder Kriterien nötig – Relevanz bestimmter Situationen für Verhandeln unterschiedlich hoch

Neben guten Vorteilen für bestimmte Methoden ist es für den Anwender wichtig, die Einschränkungen bestimmter Verfahren stets im Blick zu behalten. Gleichzeitig sind nur wenige Tools frei zugänglich, die konkret auf Verhandeln oder Verhandlungskompetenz hin ausgerichtet sind. Alternativen können verwandte Diagnostika für die Bereiche Führung, Verkauf, Problemlösen, Kooperation, Mediation, Konfliktmanagement, Persönlichkeit oder Sozialkompetenz sein. In einschlägigen Handbüchern werden solche Verfahren auch im Hinblick auf psychometrische Güte- und andere Qualitätskriterien ausführlich beschrieben (z. B. Erpenbeck & von Rosenstiel, 2007; Sarges, 2013; Sarges & Wottawa, 2004; Sarges, Wottawa & Roos,

Qualitätskriterien und Verbreitung prüfen

2010; Simon, 2006). Bei der Lektüre solcher Kompendien ist aber immer zu bedenken, dass nicht alle verfügbaren Verfahren Eingang in solche Übersichtsbände finden und bisweilen mit einem zeitlichen Verzug der Publikation zu rechnen ist. Einige Messverfahren finden hauptsächlich im wissenschaftlichen Kontext Anwendung, andere fast ausschließlich im betrieblichen oder wirtschaftlichen Bereich. Eine Internetrecherche mit zusätzlicher Prüfung von Qualitätskriterien der Potenzial-Messverfahren und eine fachkundige Beratung mögen bei der richtigen Auswahl unterstützen. Sowohl für Fallstudien als auch für andere Verfahren zum Verhandeln wird unter Berücksichtigung relevanter Einschränkungen zu Recht vorgeschlagen, die inhaltliche Plausibilität und andere Qualitätskriterien vor dem Einsatz sicherzustellen (Matz, 2004). Für Qualitätskriterien und rechtliche Rahmenbedingungen gibt es Standards, Normen und Empfehlungen, die Fachleute und sachgerechte Anwender berücksichtigen sollten (Kersting & Püttner, 2006).

Verwandte Verfahren und verhandlungsspezifische Instrumente

Aus der Aufstellung der Methoden wird deutlich, dass ein Messen von Verhandeln und relevanter Voraussetzungen oder Ergebnisse auf vielfältige Art möglich ist. Diese große Bandbreite von Methoden macht es nicht nur für Anwender zu einer Herausforderung, eine sinnvolle Methodik zur Qualifikationsprüfung oder Verhandlungsabbildung zu entwickeln (Carnevale & De Dreu, 2004). Spezifisch für Verhandeln – teilweise mit anderem Entwicklungshintergrund entstanden oder auf bestimmte Ausschnitte oder tatsächlich nur artverwandte Messkategorien und Konzepte fokussiert – sind unten aufgeführte Verfahren bekannt. Einige Verfahren wurden dabei ausschließlich zu Übungszwecken oder im Forschungskontext eingesetzt. Einzelne spezifische Verfahren sind beispielsweise:

- *Simulations-Spiele:* Simulations-Übung im Rahmen von Konfliktforschung (Ebner & Elfron, 2005).
- *Problemlösungs-Workshop:* Simulation im Rahmen von Methodenforschung im Verhandlungskontext (Englisch; Fisher, 2004).
- *Freie-Markt-Übung:* Verhandlungs-Simulation im Rahmen von Forschung zu Verhandeln (Englisch; Bazerman, Magliozzi & Neale, 1985).
- *Negotiation Skills Inventory (NSI):* Situational Judgment Test zur Selektion von Call Center-Mitarbeitern zur Erfassung von Verhandlungs-Skills (Finanzbranche, Englisch; Phillips, 1993).
- *Computer Aided Single Assessment (CASA):* Breitband-Diagnostikum bestehend aus biografischen Fragen, Intelligenztest, Persönlichkeitstest, Situational Judgment Test und Sozialkompetenzskala, das eine Skala zur Erfassung „charakteristischer Verhandlungsfehler" enthält (Schneider & Müskens, 2004).
- *Persönlichkeits- und Situational Judgment Test für Verhandlungskompetenz (WIN-WIN):* Persönlichkeitsbasiertes Verfahren mit paralleler Umsetzung als Situational Judgment Test für bestimmte Verhandlungssituationen im Rahmen der Definition von Verhandlungskompetenz entwickelt (Behrmann, 2010; S & F Personalpsychologie, o. J.).

- *Management of Differences Exercise (MODE):* Erfassung von Einstellungen und Strategien im Umgang mit Konflikt (Englisch), Skalen analog von Dual-Concern-Modellen (Strategien: compete, collaborate, compromise, avoid, accomodate; Kilmann & Thomas, 1977).

Allen spezifischen Verfahren ist gemeinsam, dass sie auf bestimmte Aspekte von Verhandeln ausgerichtet sind. Meist berücksichtigen sie nur einzelne Facetten von Verhandeln. Dennoch liefern sie mindestens einen inhaltlichen Beitrag. Die Auswahl zeigt solche Instrumente, die am nächsten auf die Erfassung von Verhandeln oder seiner Aspekte an sich abzielen. Teilweise sind diese im freien Markt verfügbar, teilweise bei den Autoren erhältlich, teilweise allerdings auch Unternehmenseigentum. Zum Auswählen von Verfahren sollte ein Verantwortlicher dementsprechend zunächst prüfen, welche Methoden er einsetzen will (mit der Übersicht in Tabelle 14) und danach eine Suche nach spezifischen Verfahren oder Verfahrensentwicklern durchführen.

Messung allein kann zur Entwicklung führen

Der Einsatz von Diagnoseinstrumenten zur Messung von Verhandlungskriterien in der organisationalen Praxis ist meistens auch bereits eine Intervention. Denn durch die Messung, die im Normalfall angekündigt oder sichtbar ist und das auch sein sollte, werden die Teilnehmer durch Bearbeiten bestimmter Aufgaben oder Fragen hinsichtlich des Themas Verhandeln und Überzeugen oder verwandter Kontexte sensibilisiert oder zum Nachdenken veranlasst. Bisweilen lösen derartige Tests und Checks also auch Reflexionsprozesse über individuelle Verhaltensweisen, Stärken oder Entwicklungsbereiche aus. Insofern ist eine Überprüfung immer eine empfehlenswerte Grundlage für Auswahl- und Zuteilungsentscheidungen für Verhandlungen. Gleichzeitig dient sie auch der Weiterentwicklung persönlicher Fähigkeiten und Fertigkeiten und einer systematischen Personalentwicklung oder einem Verhandlungscontrolling. Dazu wird sich in der Regel eine Kombination aus Verfahren und Methoden anbieten, die verwandte oder benötigte Eigenschaften erfassen, relevante organisationsbezogene Ziele verfolgen und für die Person starken praxis- und anwendungsbezogenen Charakter haben.

4.1.2 Effektivität und Prognose

Wenn sich ein Unternehmen, ein Personalverantwortlicher oder ein Coach entscheidet, systematische Instrumentarien einzusetzen, um erfolgreiche Verhandler zu identifizieren, sollen dadurch künftige Verhandlungserfolge wahrscheinlicher oder die Verlustwahrscheinlichkeit aufgrund von Falschbesetzung geringer werden. Die Verwendung solcher Systematiken soll also in einem positiven Kosten-Nutzen-Verhältnis stehen.

Dabei ist die Auswahl oder Platzierung von Personen für bestimmte Verhandlungen nur eine Strategie. Eine andere ist die systematische Entwick-

Verhandlungskompetenz nicht stabil

lung und Ausbildung von Verhandlungsexpertise (siehe Abschnitt 4.2). Genau darin begründet liegt gleichzeitig aber auch eine Krux der Messung und Generalisierung der Messergebnisse, nämlich dass sich Verhandlungsverhalten oder gemessene Attribute einer Person durchaus verändern können, bis sie denn benötigt werden oder auch von Mal zu Mal variieren. Das kann zum Positiven genügen, allerdings können sich auch Gewohnheiten oder Momente einschleichen, die unerwünscht oder gar nachteilig für das sind, was als gutes Verhandeln erwartet wird.

Verhandlungserfolg unterschiedlich definierbar

Gleichzeitig setzt eine gute Vorhersage für erfolgreiches Verhandeln auch voraus, eine konkrete oder präzise Definition für das Kriterium zu haben, das vorhergesagt werden soll. Es wird leicht ersichtlich, dass Verhandlungserfolg je nach Organisation oder Verhandlungsgegenstand, vermutlich sogar je nach persönlicher Zielsetzung und auch für unterschiedliche zeitliche Horizonte, eine andere Bedeutung hat. Gilt es im einen Fall als erfolgreich, X Abschlüsse über Y Euro mit Z Kunden in N Wochen zu realisieren, ist im anderen Fall die Überzeugung von Verhandlungspartner P, darüber nachzudenken, Q zu tun, der Erfolg schlechthin. Allgemein gesagt stellt sich hier das weithin in der Personalpsychologie bekannte sogenannte Kriterienproblem dar. Dahinter verbirgt sich die Frage, was vorhergesagt werden soll und wie sich das schlüssig definieren und messen lässt. Nur dann, und natürlich nur wenn Daten vorliegen, können statistische Zusammenhangsmaße zur Erfolgsvorhersage berechnet werden. Mit der Schwierigkeit der Berechnung nicht genug, beeinflussen noch eine Fülle möglicher methodischer oder persönlicher Faktoren solche Zusammenhänge (Sackett & Lievens, 2007).

Statistische Validität nachweisbar

Die gute Nachricht: In den meisten Fällen der im vorherigen Abschnitt dargestellten Methoden kann davon ausgegangen werden, dass irgendein Zusammenhang zwischen (gut entwickelten und begründeten) Messmethoden und bestimmten (gut definierten und begründeten) Erfolgskriterien gefunden werden kann, der einen Nutzen generiert. Etablierte Verfahren stellen dafür teilweise Vorhersage-Kennziffern (Validitäten) bereit, manchmal mit Einschränkung der Generalisierbarkeit auf andere Situationen oder Personenkreise, dennoch aber nutzbar für eine Bewertung. Neue oder eigens entwickelte Methoden entbehren solcher Qualitätskriterien mindestens beim ersten Einsatz.

Nun kommt allerdings hinzu, dass der Nutzen für eine Organisation oder einen Verhandelnden auch unmessbar sein kann, wenn beispielsweise eine emotionale Währung für die Organisation betroffen ist, die vorab möglicherweise nicht bekannt war oder nicht berücksichtigt wurde. Die emotionale Währung muss dann erst noch in solche Einheiten überführt werden, die den Erfolg der Organisation widerspiegeln (vgl. hierzu auch Abschnitt 3.1).

Damit soll dennoch nicht von einer Systematisierung einer Analyse und einer Messung von Verhandlungskriterien abgeraten werden. Denn ohne Systematik hängt es von Wahrscheinlichkeiten ab, einen geeigneten Verhandelnden zu positionieren – vorausgesetzt unter den infrage kommenden Personen sind solche, die geeignet sind. Mit jeder gezielten und fachrichtigen Systematisierung steigt diese Chance zugunsten des Investors.

Ohne Systematik großes Risiko

Der Nutzen ist im Einzelnen sogar berechenbar, im einfachsten Fall geschieht das durch Subtraktion der Kosten für die Auswahl und Messung von dem durch die Auswahl erwirtschafteten Gewinn. Es gibt eine Reihe von Möglichkeiten, wie dieser konkret beziffert werden kann (Görlich & Schuler, 2006).

Zusammenfassende und übergreifende Studien belegen wiederholt die Wirksamkeit guter prognostischer Instrumente. Die Bandbreite der Zusammenhangsmaße (die sogenannten Korrelationskoeffizienten der kriterienbezogenen Validität, möglicher Zahlenbereich zwischen –1.0 und +1.0) beläuft sich bei oben vorgestellten Methoden zwischen $r = .00$ und $r = .54$, je nach Verfahren. In Verfahrenskombination erzielen Messbatterien bis zu $r = .65$ (Schmidt & Hunter, 1998). Eine Ziffer von $r = .50$ bezeichnet eine theoretische Prognose von 25 % (mathematisches Quadrat der Kennziffer) des künftigen Verhaltens, genauer der künftigen Verhaltensvarianz, aus den erfassten Bereichen. Das ist im sozialwissenschaftlichen Kontext sehr viel, immerhin wird durch die Einmalmessung eine Verhaltenstendenz von selbstentscheidenden Menschen vorhergesagt. Eine gute Kombination von Messverfahren verspricht demnach einen beachtlichen Prognosenutzen. Gleichzeitig werden auch Korrekturen in niedrigere Bereiche für die zitierten Werte publiziert, wenn neue Einfluss- oder Moderatorvariablen entdeckt und erforscht werden. Doch bereits unter der Annahme eines nur moderaten Prognosewertes von $r = .20$ zeichnet sich der Gewinn durch eine systematische Definition und Messung von Qualifikationskriterien schnell in mehrstelligen Tausend-Euro-Beträgen ab, wie Görlich und Schuler (2006) in einer modellhaften Berechnung eindrucksvoll darlegen. Eine sorgfältige Auswahl von Personen mit Überzeugungskraft verspricht einer Organisation also wertschöpfende Erfolge. Ebenso dient auch eine sorgfältige oder gezielte Förderung des Verhandlungsgeschicks auf unterschiedlichen Ebenen der Verbesserung des Return-on-Investments.

Kosten-Nutzen-Verhältnis positiv für die Organisation

4.2 Förderung durch Training und Coaching

Die meisten systematischen Maßnahmen im Optimieren von Verhandlungserfolgen werden Organisationen wohl weniger durch Auswahl, sondern mehr durch Entwicklung von Verhandlungsfertigkeiten und -fähigkeiten vornehmen. Je ganzheitlicher und synchroner dabei sowohl aus Perspektive der Organisation als auch aus der der einzelnen Person vorgegangen wird, desto schlüssiger und wirksamer werden die erzielten Effekte auf unterschiedlichen Ebenen sein. Ein systematisches Verhandlungsmanage-

Ganzheitliche Betrachtung der Organisation

ment bedarf erstens guter organisationaler Bedingungen mit einem strategischen Rahmen aus Zielsetzungen und Performance-Management-Methoden und zweitens einer zielgerichteten Personalentwicklung von Kompetenzen für die Organisation. Drittens ist im emotionaleren Bereich die Entwicklung von Führungsleitsätzen oder Werten einer Organisationskultur sowie schließlich viertens klassisches Human Resource Management Bedingung für die nachhaltige Umsetzung eines umfassenden Entwicklungskonzepts.

Lernen und Entwicklung auf mehreren Ebenen

Auf individueller Ebene bedeutet das erstens eine Ausrichtung des Verhandelns entlang der Komponenten, die sich aus der strategischen Realität ergeben und zweitens Lernen, Üben und Trainieren von Verhandlungsfertigkeiten und Techniken. Drittens betrifft es die Abstimmung eigener relevanter Einstellungen und Überzeugungen und viertens eine Reflexion über oder Weiterentwicklung eigener verhandlungsrelevanter Eigenschaften und Persönlichkeitsmerkmale.

4.2.1 Strategisches Verhandlungsmanagement und Ausrichtung an der Realität

Aus Perspektive eines Unternehmens oder einer Organisation – also für Unternehmensleiter, Personalentwicklungsverantwortliche oder dort eingesetzte Berater und Trainer – ergeben sich aus den vorangegangenen Kapiteln drei Ansatzpunkte, um auf Ebene von Prozessen und Strukturen Ergebnisse in Verhandlungen von Mitgliedern der Organisation systematisch zu optimieren:

1. Sicherstellen des Rahmens für Verhandlungen,
2. Implementieren eines systematischen Verhandlungsmanagements und
3. Verknüpfen der Entwicklung von Verhandlungskompetenzen mit strategischer Personalentwicklung.

Organisationalen Verhandlungsrahmen und -prozesse sicherstellen

Zunächst zum *Verhandlungsrahmen*: Der Rahmen von Verhandlungen ist für die Person oder das Team, das die Organisation in einer Verhandlung vertritt, im Idealfall so, dass alle Beteiligten sich ausschließlich auf die eigentliche Verhandlung konzentrieren können. Es gilt also für die Organisation, vorab zu prüfen, welche Prozesse geschaffen, überarbeitet oder geklärt werden müssen, damit alle benötigten Informationen rechtzeitig und umfassend vorliegen können. Bei fehlenden Informationen entsteht neben der Verhandlung ein weiterer Konflikt, nämlich Informationsmangel, was die eigene Verhandlungsposition beeinträchtigen kann. Strukturen, Aspekte der Hierarchie, Verantwortungsbereiche, benötigte Entscheidungsbefugnisse oder Prokura und alle Aspekte der eigenen Organisation sollten im Interesse der Verhandelnden keine internen Fragen aufwerfen oder Einschränkungen hervorrufen. Solche könnten sich letztlich negativ auf das gesamte Auftreten im Verhandlungsprozess auswirken.

Der zweite Ansatz ist die Einführung eines systematischen *Verhandlungsmanagements*. Dies praktizieren Unternehmen und Organisationen bisweilen nur in Ausnahmen oder unter besonderen unternehmerischen Herausforderungen. Häufig liegt gegenüber einem systematischen Verhandlungsmanagement eine Reihe von Vorbehalten vor. Ein Verhandlungsmanagement soll den Prozess um Analyse, Organisation, Vorbereitung, Durchführung und Controlling von Verhandlungen in einer Organisation unterstützen und strukturieren (Voeth & Herbst, 2009). Diese Strukturierung wird bei den Beteiligten allerdings häufig als Einschränkung von Freiheiten, Notwendigkeit der Veränderung von Gewohnheiten, Bürokratisierung, Kritik an bisherigem Verhalten, Kontrolle von Verhalten und Leistung oder als Versuch einer Planung von vermeintlich nicht Planbarem empfunden (vgl. Voeth & Herbst, 2009). Im Rahmen eines Change-Prozesses, eventuell als Projekt oder Programm organisiert, sollten die Verantwortlichen für die Implementierung deshalb auch Maßnahmen zum Umgang mit diesen – durchaus verstehbaren – Widerständen einbinden. Optimalerweise werden die Betroffenen frühzeitig und intensiv an der Einführung beteiligt und der Nutzen der Maßnahmen und des Verhandlungsmanagements für jeden Einzelnen, für Organisationseinheiten und die ganze Organisation ausführlich, konsequent und wirkungsvoll verdeutlicht und kommuniziert. Die Umsetzenden sollten vorab festlegen und entscheiden, ob das Verhandlungsmanagement und seine Einführung zentral oder dezentral in der Organisation geschehen sollen. Das hängt sicher auch von den Gegebenheiten und Gewohnheiten rund um die Personalentwicklung in der Organisation ab. Auch sollten sie genau überlegen, wie groß der Umfang der Einführung sein soll (beispielsweise über ein auf eine Einheit begrenztes Pilotprojekt zur späteren Ausweitung oder von Anfang ein organisationsweiter Start) und wer die Verantwortung für die Implementierung trägt (Verteilung auf interne Verantwortliche und externe Berater oder Prozessbegleiter). Eine weitere wichtige Entscheidung im Vorfeld betrifft die Implementierungsdauer des geplanten Prozesses (Voeth & Herbst, 2009). Im Grunde – und das gibt einer solchen Einführung eine interessante weitere Ebene – müssen die Umsetzenden sehr bedacht damit umgehen, internen Verhandlungen und Überzeugungsprozessen über das Verhandlungsmanagement wirksam und kompetent zu begegnen.

Systematisches Verhandlungsmanagement einführen

Schließlich ist der dritte Ansatzpunkt einer *Systematisierung und Weiterentwicklung von Verhandlungskompetenz* für eine Organisation die Vernetzung mit einer strategischen Personalentwicklung (Meifert, 2008b). Dazu gehören einzelne Aspekte wie der Einsatz von Zielsystemen, wirksame Bonus- und Beschäftigungsmodelle und ein effektives Performance Management. Außerdem zählen dazu gezieltes Weiterbildungsmanagement und Bildungscontrolling sowie die Bearbeitung der Unternehmenskultur und Bindung an die Organisation. Letztlich sind auch die Themen Auswahl und Platzierung, die bereits im vorigen Teilkapitel (Abschnitt 4.1) behandelt wurden, zu berücksichtigen. Sie werden unter dem Begriff des Talent Managements ad-

Strategische Personalentwicklung im Verhandlungskontext

ressiert. Abbildung 15 fasst die Elemente konzeptuell zusammen, Tabelle 15 listet zugehörige Inhalte und Themen auf.

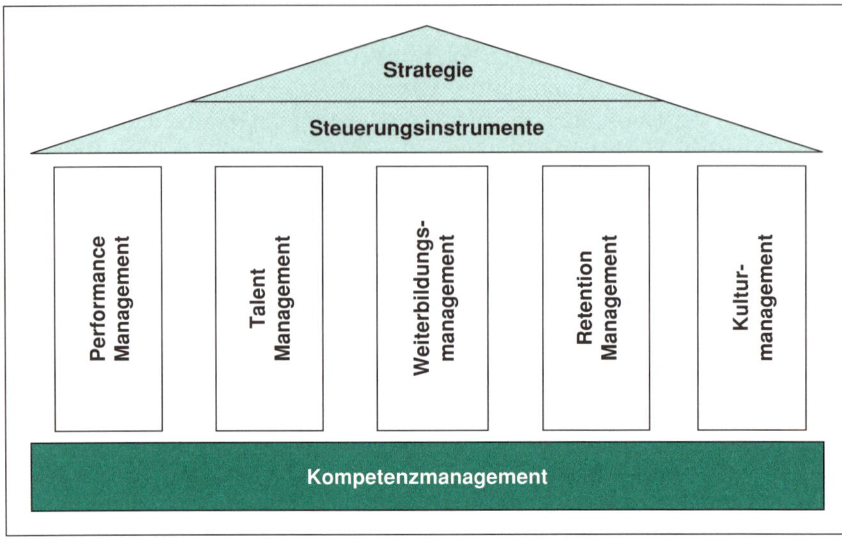

Abbildung 15:
Elemente strategischer Personalentwicklung (nach Meifert, 2008b)

Tabelle 15:
Inhalte von Elementen strategischer Personalentwicklung (erweitert nach Meifert, 2008b)

Aspekt und Element	Inhalte und Themen, Beteiligung von Personalentwicklung
Strategie	– Definition einer expliziten Strategie der Personalentwicklung und/oder des Verhandlungsmanagements, abgeleitet aus dem strategischen Rahmen der Organisation – Rollenklärung der Beteiligten – Personalentwicklung als Informationsbeschaffer und Prozesstreiber in Interaktion mit der Unternehmensführung
Steuerungs-elemente	– Definition und Einsatz relevanter, messbarer und akzeptierter Kennzahlen zum effektiven Entwicklungs- und Verhandlungscontrolling und zur Sicherung des Beitrags im Rahmen der Wertschöpfung für den Unternehmenserfolg – Evaluation der Maßnahmen und Bildungscontrolling – Personalentwicklung als Prozesstreiber und Kompetenzzentrum
Kompetenz-management	– Identifikation, Definition und Steuerung von Anforderungen an die beteiligten Personen (Verhandelnde und Führungskräfte) – Kompetenzmodell zur Leistungsbewertung, aggregierte Statusberichte über die Kompetenz der Organisation – Definition der Bedarfskategorien – Feststellen von Bedarfen und Bedürfnissen – Personalentwicklung als Kompetenzzentrum sowie als Entwickler und Umsetzer des Prozesses

Tabelle 15 (Fortsetzung):
Inhalte von Elementen strategischer Personalentwicklung (erweitert nach Meifert, 2008b)

Aspekt und Element	Inhalte und Themen, Beteiligung von Personalentwicklung
Performance Management	– Steuerung der Leistung von Mitarbeitern – Zielvereinbarungs- und Feedbackprozesse – Personalentwicklung als Qualitätssicherer, Berater und Implementierungspartner
Talent Management	– Absichern der Besetzung von kritischen Positionen – Interne und externe Identifikation, Auswahl und Platzierung von Personen – Nachfolgeplanung – Teambesetzungen – Personalentwicklung als Prozesstreiber, Kompetenzzentrum und Berater der Führungskräfte bei der Einschätzung von Talenten
Weiter-bildungs-management	– Bedarfs- und strategiegerechte Förderung und Entwicklung der Kompetenzen der beteiligten Mitarbeiter und Führungskräfte – Ableiten von Trainings-, Coaching-, Lern- und Entwicklungsmaßnahmen aus den Bedarfen – Konzeptualisierung und Durchführung von Entwicklungsmaßnahmen – Transfersicherung – Personalentwicklung als Manager des Prozesses, Kompetenzzentrum und Unterstützer bei der Bedarfsklärung mit den Führungskräften und Verhandlungsführern
Retention Management	– Binden der erfolgskritischen Verhandlungsexperten an die Organisation – Sicherstellen der Identifikation und des Commitments – Personalentwicklung als Prozesstreiber und Kompetenzzentrum
Kultur-management	– Fördern einer gewünschten strategieunterstützenden Kultur im Unternehmen – Personalentwicklung als Kompetenzzentrum und Treiber des Prozesses im Rahmen von Change

Nun könnte der Eindruck entstehen, dass jeder Aspekt nur mit dem Begriff *Management* bezeichnet werden muss, um sichtbar zu werden oder wirkungsvoll zu sein. Gerade unter der Bezeichnung *Management* tendieren Themen in Organisationen tatsächlich leicht dazu, zum rationalen Prinzip zu werden und die damit verbundenen emotionalen Themen und Zielsetzungen beim Einsatz in den Hintergrund zu rücken. Das Gegenteil sollte der Fall sein. Denn für eine wirksame Umsetzung von Maßnahmen aus den einzelnen Elementen in einer Organisation ist eine Einbindung und Überzeugung aller Führungs- und Entscheiderebenen mit einer gelebten Führung essenziell. Daraus leitet sich die Herausforderung für die Umsetzung eines wirksamen und langfristig angelegten Verhandlungsmanagements ab. Denn neben Verhandlungen im Unternehmen werden sich auch das Unternehmen selbst und seine Mitarbeiterschaft weiterentwickeln. Sich verändernde Marktbedingungen, Mitarbeiterfluktuation, Produkt- und Dienst-

Einbindung der Entscheider und der Betroffenen

leistungsangebote und -veränderungen sowie allgemein wirtschaftliche und politische Bedingungen sind ebenfalls im Umsetzungsprozess zu bedenken.

Strategische Verhandlungsvorbereitung des Einzelnen

Aus Perspektive des Einzelnen, also eines Verhandlungsführenden, ergeben sich aus den oben genannten Themen ebenso wie aus den vorangegangenen Kapiteln eine Reihe von Aspekten für die Berücksichtigung strategischer Themen und Elemente aus der Realität der Verhandlungssituation. Die selbstständige Beschäftigung damit ist umso notwendiger, wenn der Verhandelnde nicht auf eine unterstützende Organisation zurückgreifen kann. Für die verhandelnde Person ist es demnach für die eigene strategische Vorgehensweise wichtig,

- einen Zugang zu Informationen, Hintergründen und Fakten sicherzustellen,
- sich an eigenen Fakten und denen der Verhandlungspartner zu orientieren,
- einen klaren Umgang mit der Realität zu pflegen,
- aus möglicherweise vorhandenen strategischen Rahmenbedingungen oder Zielsetzungen für sich selbst Ziele abzuleiten und diese ins eigene Verhalten zu übersetzen,
- sich klare Ziele zu setzen, sowohl im Hinblick auf konkrete Verhandlungen als auch im Hinblick auf persönliche Lernthemen,
- eine Systematik und Planungstechnik zu besitzen und anzuwenden und
- mit Unklarheiten und unsicheren Situationen so umgehen zu können, dass dabei das eigene Auftreten nicht beeinträchtigt wird und die Beziehung zu einem Verhandlungspartner nicht leidet (Integrieren anstatt Polarisieren, Umgang mit Ambiguität und Dilemma-Situationen).

All diese Maßnahmen und Empfehlungen sowohl auf Unternehmens- als auch auf Personenebene können je nach Umfang recht komplex sein. Experten empfehlen den Einsatz fachkundiger Beratung und Unterstützung durch interne oder externe Weiterbildungsmanager, Trainer und Bildungsbeauftragte im Rahmen einer systematischen Personalstrategie (Döring, 2008).

4.2.2 Kompetenzmanagement, Verhandlungstraining und Überzeugungstechniken

Mehrstufiges Vorgehen für Qualifizierung von Verhandlungsexperten

Verhandeln aus Sicht eines Unternehmens systematisch zu optimieren, benötigt bestimmte Prozesse und Vorgehensweisen, um sicherzustellen, dass die Maßnahmen entsprechende und erwünschte Wirkung erzielen können. Ein Unternehmen wird im eigenen Haus eine Reihe von Mitarbeitern vorfinden, die Erfahrung im Verhandeln haben. Gleichzeitig gibt es nicht nur aufgrund von Neueinstiegen oder Einwicklungen im Personalfluss Mitarbeiter, die ihre eigenen Verhandlungserfahrungen oder -fähigkeiten als gering oder nicht ausgeprägt einschätzen würden. Beide Gruppen profitieren – wenn sicher angelegt und vernünftig ausgerichtet – von Qualifizierungsmaßnahmen zum Erwerb und zur Erweiterung, Vertiefung oder Übung von Verhandlungstechniken. Ein Kompetenzmanagement aus Unternehmenssicht sollte dabei eine mehrstufige Systematik anwenden (Jochmann, 2008; siehe Abbildung 16).

Schritte	Strategische Unternehmens-planung	Kompetenz-ableitung	Maßnahmenplan Kompetenz-entwicklung	Qualifizierungs-maßnahmen	Evaluation & strategische Entwicklung
Aufgaben	- Aktualisieren der Strategie durch Geschäftsleitung - Kaskadieren der Strategie in die Jahresplanung der strategischen Geschäftsfelder - Budgetverabschiedung, Definition strategischer Initiativen und Top-Projekte - Ableiten der HR-Strategie aus Unternehmensstrategie	- Strategische Bedarfsanalyse – Ermittlung fachlicher und überfachlicher Kompetenzentwicklungsbedarfe - Vertiefen der Bedarfsanalyse vor dem Hintergrund strategischer Erfolgsfaktoren und von Unternehmenszielen - Aktualisieren des Kompetenzmodells auf Dimensionsebene - Erstellen eines erfolgskritischen Kompetenzentwicklungskatalogs auf Basis von Dimensionen, Teilkompetenzen und Verhaltensankern	- Überprüfen des Programms bestehender Entwicklungsmaßnahmen - Planen spezifischer Qualifizierungs-Bausteine mit Fokussierung auf Fach- und Verhaltensentwicklung sowie Lernzieldimensionierung und Transfersicherung - Budgetierung	- Detailplanung und Entwicklung jahresbezogener strategisch abgeleiteter Qualifizierungsmaßnahmen - Kommunikation an Teilnehmer-Zielgruppen - Administrative Organisation - Durchführen der Maßnahmen mit kurz- und mittelfristiger Evaluation - Transfercontrolling	- Überprüfen individueller und kumulierter Entwicklungszielerreichung - Kontrolle der Erreichung von Bereichs- und Unternehmenszielen - Überprüfen der Stärkung strategischer Erfolgsfaktoren - Berechnen des Return-on-Investment - Ermitteln und Dokumentieren der „Lessons Learned"

Abbildung 16:
Prozess und Inhalte strategischen Kompetenzmanagements (aus Jochmann, 2008)

Kompetenzmodell als Ausgangspunkt für Verhandlungskompetenz-Beschreibung

Aus den Anforderungen der Unternehmensstrategie des Unternehmens werden benötigte Kompetenzen für die Verhandelnden abgeleitet (z. B. bezüglich Verkaufsstrategie, Einkaufsstrategie, Implementierungen) und ein Überblick über den Status quo ermittelt. Um Verhandlungsskills nun weiter zu qualifizieren, gilt es ein im Optimalfall langfristiges Konzept einzuführen und entsprechende Maßnahmen abzuleiten und durchzuführen. Außerdem ist eine wichtige Empfehlung, diese Maßnahmen mit bestimmten Anforderungen und Projektschritten zu verknüpfen (z. B. Trainingswelle vor einer bestimmten Preisanpassung mit den Kunden, Qualifizierungsoffensive und Feldbegleitung bei Jahresgesprächen von Einkaufsabteilungen, Einführung eines neuen Konzepts für ein Jahres-Mitarbeitergespräch oder Ähnliches). Dann lässt sich im Nachgang anhand verschiedener Kriterien prüfen, wie erfolgreich die betroffenen Mitarbeiter oder Unternehmensbereiche nach einer Qualifizierungsmaßnahme sind. Dafür ist es notwendig, Anforderungen und Inhalte von Trainingsmaßnahmen auf die Bedarfe der Teilnehmer abzustimmen und durch einen wirksamen Transfer die Übertragung in den

Transfer in Seminaren maßgeblich erfolgsrelevant

Arbeitsalltag als notwendigen Teil der Qualifizierungsmaßnahme sicherzustellen. Danach kann der Blick darauf gerichtet werden, wie gut und passgenau die Mitarbeiter die im Training erworbenen Kenntnisse und Erkenntnisse umsetzen können und dementsprechend für die eigenen Verhandlungen und Überzeugungsgespräche davon profitieren können. In vielen Personalentwicklungsmaßnahmen finden solche Ansätze in Teilen Einzug. Die andere Seite dieser Medaille ist, dass die Qualitätsprüfungen von Personalentwicklungsmaßnahmen allerdings für viele Anwender, Personalabteilungen, Firmenführende oder Trainierende nur unzureichend stattfinden. Neben einem systematischen Transfermanagement und Bildungscontrolling wird eine Entwicklungsmaßnahme nur dann Akzeptanz und Aufmerksamkeit in der Organisation erreichen, wenn sie wirklich passend und wirksam die Anwendung und den Unternehmensalltag unterstützt. Döring (2008) beschreibt mögliche Qualitätsmängel in der betrieblichen Personalentwicklung, die im Umkehrschluss Empfehlungen für das Kompetenzmanagement und die Personalentwicklung erlauben.

Empfehlungen für wirksame Qualifizierungsmaßnahmen in Organisationen

- Teilnehmerbedarfe vorab präzise ermitteln
- Stofffülle zielgenau einschränken
- Teilnehmerzentriert vorgehen und individuelle Lernerkenntnisse erwirken
- Praxisbezug durch konkrete Fall- und Aufgabenorientierung herstellen
- Methodenmix und unterschiedliche Lernmöglichkeiten einsetzen
- Viele praktische Erfahrungs- und Übungsprozesse
- Medieneinsatz zur Vertiefung und Ansprache vieler Sinne und Erfahrungstiefen
- Umsetzungsplanung in die Maßnahme integrieren und verfolgen
- Evaluation der Maßnahme durchführen (Teilnehmerbefragung, Erfolgsmessung, etc.)

Erfolgskontrolle auf mehreren Ebenen

Das Bildungscontrolling nimmt dabei eine wichtige, wenngleich schwierige, Schlüsselposition ein. Die Personalentwicklung in Unternehmen kann die Maßnahmen dann gut rechtfertigen, wenn entsprechende Erfolge nachgewiesen werden können. Dies sollte auf verschiedenen Ebenen geschehen, wie es das Evaluationsmodell nach Kirkpatrick (1998) fordert (siehe Abbildung 17). Aus nachvollziehbaren pragmatischen, zeitlichen wie finanziellen Gründen reduziert sich eine Evaluation häufig auf die sogenannten Happy-Sheets zur Zufriedenheitserfassung von Seminarteilnehmern. Aussagen zum Return-on-Investment anhand relevanter Kennzahlen liefern noch zusätzliche wichtige und meist überzeugendere Argumente, nicht nur für die Geschäftsführung.

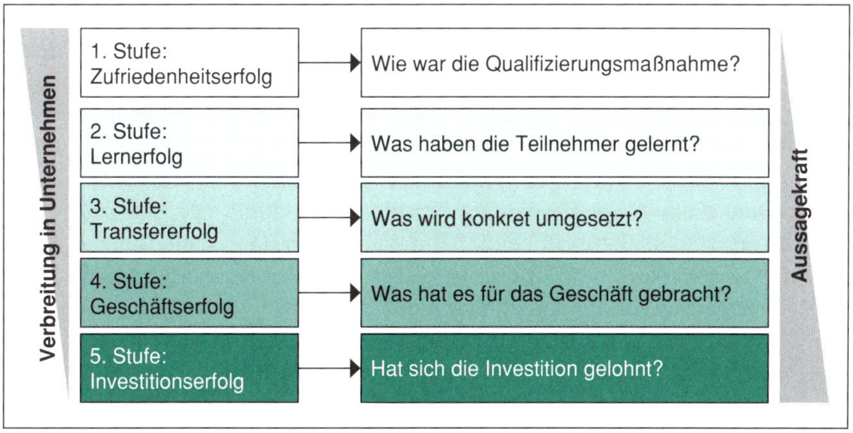

Abbildung 17:
Stufen der Evaluation von Qualifizierungsmaßnahmen (aus Girbig, 2008)

Als Einzelner: Üben, Anwenden, Reflektieren

Für einen einzelnen Verhandelnden empfiehlt sich eine Kombination aus (1) Lernen und Üben, (2) Umsetzen und Anwenden und schließlich (3) Reflektieren und Verbessern. In der Praxis sind größere Erfolge dann zu erwarten, wenn konkrete und spezifische Fragestellungen mit den theoretischen Grundlagen verknüpft werden und dann im Einzelfall zur Anwendung gelangen. Gleichzeitig sind bei großen Lernthemen natürlich Umsetzungsschritte so zu planen und in Bezug auf die Anforderung abzustimmen, dass Erfolge möglich sind und eine schrittweise Optimierung eigener Verhandlungstechniken und Verhaltensmuster erzielt werden kann. Selbststudium (z. B. mit Kittel, 2006; Püttjer & Schnierda, 2007, o. Ä.), Gespräche mit Kollegen, Seminarbesuche und Einzelcoachings, auch mit Begleitung im realen Umfeld, sind empfehlenswerte Möglichkeiten dabei.

Persönlich strukturierter Lernprozess

Im Einzelnen bedeutet das methodisch, die eigene Lerndisziplin und Selbstehrlichkeit vorausgesetzt,

- das eigene Verhalten im Hinblick auf Wirkung zu überdenken (Reflexion),
- entsprechende Verhandlungstechniken auszuwählen und bewusst einzusetzen (Ziel),
- sich auf konkrete Verhandlungssituationen genau vorzubereiten (Planung),
- Verhandlungen vorab durchzuspielen und dabei zu optimieren (Simulation),
- Rückmeldungen aus Selbsterkenntnis oder von anderen zu integrieren (Feedback),
- viel zu üben (persönliche Erfahrung) und
- die Erkenntnisse durch einen persönlichen Umsetzungsplan in konkrete anstehende Realsituationen einzubinden (Transfer).

Viel dieses Trainings wird damit zu tun haben, bestimmte sprachliche Formulierungen zu erwerben oder zu verändern oder nonverbale und körpersprachliche Gewohnheiten zu justieren. So kann der Verhandelnde im Hinblick auf den Einsatz von Techniken der Reziprozität, Konsistenz, soziale Bewährtheit oder Sympathie (vgl. Abschnitt 3.4.3) im konkreten Fall unterschiedliche Formulierungen ausarbeiten. Wenn es beispielsweise darum geht, einen Kunden zu überzeugen, zu einem Produkt noch einen Service-Vertrag zusätzlich abzuschließen, dann bieten sich unterschiedliche Formulierungsmöglichkeiten an, dieses Angebot einzuleiten: „Ich bin sehr froh, dass ich Ihnen mit dem Produkt einen großen Schritt weiterhelfen kann. Ich würde mich freuen, wenn Sie im Gegenzug noch darüber nachdenken, mit welchem Service-Level der dauerhafte Einsatz des Produkts bei hoher qualitativer Auslastung gesichert werden kann“ (Prinzip der Reziprozität). Oder „Wichtig ist nun, dass sich durch den Einsatz des neuen Produkts für Sie nicht viel verändert, damit die Leistungsfähigkeit sichergestellt ist. Das kann ich Ihnen durch einen besonderen Service zusichern“ (Prinzip der Kontinuität). Oder „Die meisten meiner Kunden schließen hier gern noch einen Service-Vertrag zu dem Produkt ab“ (Prinzip der sozialen Bewährtheit). Oder „Ich glaube, da haben wir ähnliche Interessen. Ich hätte das Produkt auch gekauft, vermutlich sogar gleich noch mit dem zugehörigen Service-Vertrag“ (Prinzip der Sympathie). Solche Formulierungen auszuarbeiten und leicht im eigenen Wortschatz abrufbar zu machen, bedarf in der Regel einer gewissen Übung, Anstrengung und geplanter Wiederholungen.

Sprachliche Umsetzung von Lernthemen

Ein anderer Aspekt ist die tiefe Auseinandersetzung mit dem eigentlichen Verhandlungsgegenstand. Wichtig für den Verhandelnden ist es, die Eigenschaften eines zur Verhandlung stehenden Produkts, Projekts, Ziels oder Vorgehens genau und aus der eigenen Perspektive, vor allem aber aus der Perspektive der jeweiligen Verhandlungspartner, zu kennen. Eine solche Vorbereitung ermöglicht es, den Verhandlungspartner vom Wert der angestrebten Lösung und Position zu überzeugen. Ein zentraler Dreischritt im durchsetzungsorientierten Verhandeln ist, neben der eigenen *Position*, unbedingt den gemeinsamen *Kontext* sowie den *Nutzen* der vorgeschlagenen Lösung klar zu formulieren. Gerade diese Dreischritttechnik bedarf einer intensiven Übung, da sie meist nicht unmittelbar im eigenen Verhaltensrepertoire angelegt ist. Angenommen, ein Manager möchte vor seiner Geschäftsführung für die Einführung eines neuen Prozesses werben. Im Treffen mit dem Finanzvorstand beispielsweise könnte er seine Forderung formulieren: „Ich bin der Meinung, wir brauchen den neuen Prozess.“ Eine überzeugendere Formulierung, die implizit Perspektivenwechsel und Begründungen beinhaltet, könnte lauten: „Um für die Zukunft kosteneffizient aufgestellt zu sein, ist es wichtig, dass wir auf allen Ebenen gute und abgestimmte Prozesse anwenden. Ich bin überzeugt, dass ein neuer Prozess uns hier wertvollen Spielraum für die Zukunft sichert. Ich habe dazu ein paar Daten und Fakten – nicht nur finanzieller Art – gesammelt, die ich gerne vorstellen möchte.“ Im zweiten Beispiel drückt

Sprachliche Überzeugungsformel: Kontext, Position, Nutzen

er die eigene Position deutlich aus, berücksichtigt gleichzeitig den Kontext der anderen und der eigenen Position und formuliert einen klaren Wert der eigenen Lösung aus mindestens der Perspektive des betroffenen Verhandlungspartners. Diese Formulierungsformel bedarf einiger Übung und Umgewöhnung. Zudem ist für andere Gesprächspartner jeweils eine andere Formulierung nötig. Wenn der Manager nun also beispielsweise mit seinen Teammitgliedern spräche, müsste er einen anderen Kontext und Nutzen formulieren. Eine Möglichkeit könnte sein: „Wir haben hier gemeinsam viel zu tun. Jeder von uns ist bemüht, den Herausforderungen des Alltags gerecht zu werden. Es gibt ein paar Ansatzpunkte, die wir nutzen können, um uns die Arbeit an bestimmten Stellen leichter zu machen. Um das zu erzielen, schlage ich vor, dass wir ein paar Abläufe genau durchleuchten und verändern. Ich habe bereits konkrete Vorschläge dazu. Am besten gleichen wir die ab und ergänzen Hinweise jedes Einzelnen. Die Geschäftsführung erwartet von uns, dass wir hier einen Zahn zulegen."

4.2.3 Kulturmanagement: Einstellungen und Grundhaltungen in Verhandlungen

Ein großer Anteil am Erfolg in Überzeugungsprozessen beruht auf den Grundhaltungen und Einstellungsmustern gegenüber der eigenen Person, dem Verhandlungsgegenstand, dem Ziel, der Tätigkeit des Verhandelns und gegenüber dem Verhandlungspartner. Die Haltungen im organisationalen Kontext werden in der Regel geprägt oder unterstützt durch die vorherrschende organisationale Kultur. Daher überrascht es nicht, dass wirksam umgesetzte und gelebte Leitlinien einer Unternehmenskultur einen Verhaltensrahmen im Umgang miteinander, mit Kunden, Lieferanten, in der Führung, in Projekten und in anderen Abschnitten des unternehmerischen Alltags deutlich bestimmen und zu lenken vermögen. Gut formulierte Leitlinien lenken und helfen dabei, emotionale Prozesse im Miteinander eines Unternehmens sowohl nach innen als auch in der Außenwirkung zu steuern und dadurch Konflikte zu vermeiden oder zu reduzieren. Zudem fördern gelebte Leitlinien konstruktive Verhandlungsprozesse, wenn dadurch der Fokus auf Inhalte gelegt werden kann. Aus Sicht des Unternehmens ist eine wertschätzende Unternehmenskultur also ein wichtiges Ziel erfolgreichen Verhandlungsmanagements. Der Einfluss der Unternehmenskultur auf Erfolgsindikatoren von Unternehmen wird nicht nur auf qualitativer Ebene berichtet (Sackmann, 2006). Neue Leitlinien oder Leitbilder in einem Unternehmen abzustimmen und zu implementieren, bedeutet in der Regel einen organisationalen Change, der professionell begleitet und auf vielen Ebenen unterstützt und nachgehalten werden sollte.

Unternehmenskultur, Leitlinien und Werte

Die Konzeption und Implementierung neuer Leitbilder und Kulturelemente in Organisationen lässt sich als Optimalprozess pragmatisch entlang folgender *fünf Schritte* gliedern und umsetzen (nach Weh & Meifert, 2008):

Change-Prozess der Unternehmenskultur

Schritte zur Implementierung neuer Leitbilder in Organisationen
1. Analysieren der Kultur
– Analyse vorhandener Inhalte, Instrumente und Unterlagen – Interviews/Fragebogenaktionen zur Erfassung der Kernpunkte mit unterschiedlichen Hierarchieebenen – Workshops mit der obersten Führungskräfteebene zur Differenzierung – Benchmark-Analyse gegenüber vergleichbaren Organisationen oder Kriterien
2. Formulieren des Leitbilds/der Leitlinien
– Bilden einer Projektgruppe aus unterschiedlichen Hierarchieebenen für die Konzeption – Formulieren von Leitbild/Leitlinien (unternehmensspezifisch und präzise)
3. Kommunizieren des Leitbilds/der Leitlinien
– Präsentation durch die Geschäftsführung – Einführung von Symbolen (z. B. Plakate, Leporellos, Logos, Slogan etc.)
4. Leben der neuen/modifizierten Kultur
– Kaskadenförmige Implementierungs-Workshops für alle Ebenen – Erfassen der Umsetzungstiefe (Was wird bereits gelebt? Was noch nicht?) – Ableiten von konkreten Maßnahmen in den jeweiligen Workshops, um die Leitlinien in den Alltag zu übersetzen/zum Leben zu erwecken – Einbetten der Maßnahmen in die Unternehmensziele (Performance Management, Balanced Scorecard) – Effektive Unternehmenskommunikation: Kommunikation der bereits umgesetzten Maßnahmen an alle Mitarbeiter
5. Verzahnen mit Personalentwicklungsinstrumenten
– Verknüpfen des Leitbilds/der Leitlinien mit Führungsinstrumenten (z. B. Zielvereinbarungssystemen, Jahresgesprächen, etc.) – Integration und Verzahnung des Leitbilds/der Leitlinien in verschiedene Personalentwicklungsinstrumente – Regelmäßiges Prüfen auf Aktualität

Inhalte von Leitbildern fassen eine Vielzahl von positiven unternehmerischen und sozialen Werten in kompakter Form zusammen. Im Idealfall werden sie zudem in konkreten Verhaltensweisen oder Beispielen verdeutlicht und für unterschiedliche Nutzergruppen übersetzt. Die Inhalte berücksichtigen nicht nur ein vernünftiges Allgemeingut für das konstruktive Miteinander, sondern verdeutlichen auch nach innen und außen das werthaltige Selbstverständnis der Organisation. In den meisten Fällen umfassen Unternehmenswerte eine Auswahl an Aussagen zu folgenden Wert- und Grundorientierungen (Sackmann, 2006):

Inhalte von Unternehmenswerten

- Leistungsorientierung (Effizienz, Effektivität, Ergebnisorientierung, Profitabilität/Kostenorientierung),
- Personenorientierung/individuelle Entwicklung,
- Führung,
- zwischenmenschliche Beziehungen,
- Innovation/Entwicklung der Organisation,
- Offenheit/Anpassungsfähigkeit/Veränderungsbereitschaft,
- arbeitsbezogene Aspekte/Motivation,
- Teamorientierung,
- Kundenorientierung,
- Kommunikation,
- Werteorientierung und
- Strategie/Vision/Zielorientierung.

All das sind Inhalte, die in Verhandlungen ebenso Gültigkeit wie Bedeutung haben – teilweise unter Bezug auf den entsprechenden inhaltlichen Kontext. Die Verhandlungen profitieren davon, wenn die im Hintergrund wirkende Organisationskultur einen förderlichen Rahmen schafft. Das ist dann möglich, wenn die Verhandelnden eben diese Kultur in ihrem Verhandlungsverhalten verkörpern. Es ist daher durchaus empfehlenswert, bei der Verzahnung von Verhandlungsmanagement und Unternehmenskultur alle kommunikations-, rollen-, einstellungs- und zielbezogenen Inhalte konsequent und deutlich, möglicherweise sogar durch konkrete Formulierungen, in einem verhandlungsbezogenen Kontext zu formulieren und mit Verhandeln zu verknüpfen. Verhandlungsseminare werden entsprechend dadurch begründet, dass sie die Umsetzung einer konstruktiven Kultur in dem Maße fördern, wie sie die Skills der Mitarbeiter und das Verfolgen unternehmerischer Zielsetzungen entwickeln. Wichtig ist auch, dass Leitlinien keine Konflikte generieren oder Verhandlungsprozesse und Personen einschränken. Sie sollen ja genau das Gegenteil erreichen, nämlich Effizienz, Effektivität und Synergie zwischen menschlichem Verhalten jedes Einzelnen und unternehmerischen Zielen begünstigen.

Verknüpfung der Werte mit Verhandlungskontext wichtig

Die einzelne Person, die sich Verhandlungen im Bereich Grundhaltung und Einstellung nähern möchte, wird sich zunächst fragen, welche Einstellungen in Verhandlungen überhaupt relevant sind. Verhandlungsmodelle und daraus abgeleitete Trainingskonzepte sind in der Regel nicht ganz frei von Ideologie und bieten ein zugehöriges Einstellungsgerüst mit an. Als Beispiel hierfür sei das bereits zitierte Harvard-Konzept (Fisher et al., 2006) genannt. Das Harvard-Konzept vertritt die Ansicht, dass durch konsequentes Trennen von Person und Sache ebenso effizient wie effektiv ein konstruktives Miteinander und ein Sachfokus erzeugt werden kann. Die notwendige Wert-

Als Einzelner: Einstellung auf „Plus“

haltung ist gleichermaßen Rahmen wie auch Lernziel eines solchen Modells. Einstellungen haben deshalb einen so fundamentalen Wert, weil sie sich sowohl bewusst als auch unbewusst im Verhalten auswirken. Anders ausgedrückt: Es ist schwer, zu verbergen, was man denkt. Bestimmte nonverbale, paraverbale und körpersprachliche Signale geben zusätzliche Botschaften in einer Kommunikation, die in Verhandlungen relevant sein können und Wirkung erzielen (Püttjer & Schnierda, 2007). Grundsätzlich ergeben sich folgende mögliche Einstellungsfelder im Kontext von Überzeugungsprozessen:

1. Einstellungen gegenüber sich selbst im Hinblick auf eigenen Einfluss (Kontrollüberzeugungen, Selbstverantwortlichkeit),
2. Einstellungen gegenüber Zielen (Motivation, Freude),
3. Einstellungen gegenüber Verhandlungspartnern (Wertschätzung, Anerkennung),
4. Einstellungen gegenüber Verhandlungsgegnern (Stressbewältigung, Interessenfokus).

Persönlichen Einflussraum bewusst machen

Als eine fundamentale Haltung, die die eigene Selbstwirksamkeit ebenso wie Wirkung auf andere immer wieder beweist, ist ein Selbstbild, das den Glauben daran beinhaltet, dass soziale Skills, spezifisch Verhandeln, erlernbar sind. Eine solche innere Attribution ist nahezu ein Garant dafür, erstens an sich zu glauben und zweitens in Verhandlungen auch tatsächlich etwas zu bewegen. Derartige Kontrollüberzeugungen oder Ansichten über die eigenen Stärken und Schwächen hängen zudem stark mit der eigenen Motivation zusammen. Für diesen zweiten fundamentalen Anker, die leistungsbezogene Motivation, liegen ebenfalls deutliche Zusammenhänge mit tatsächlichen späteren Leistungsergebnissen vor (Judge, Erez & Bono, 1998). Eigene innere Überzeugungen und Einstellungen im Hinblick auf den eigenen Wirkungsgrad in Verhandlungen hin zu prüfen und zu hinterfragen, stellt nun gewissermaßen einen persönlichen, inneren Überzeugungsprozess für den Einzelnen dar. In der Regel ist die Änderung einer Einstellung recht leicht möglich, wenn die Einsicht dazu vorliegt – eine innere Begründung (bei zentraler kognitiver Verarbeitung, vgl. Abschnitt 2.6). Dennoch bedarf es mancher Übung, um nicht in Verhaltensgewohnheiten zurückzufallen, die aus alten Denkweisen gelernt sind. In Selbststudium, Training oder Coaching sollte eine möglichst eindringliche Lerntiefe erzielt werden, um langfristige Erfolge für die eigene Person zu erreichen. Lerntiefe bedeutet viel Übung und aktive gedankliche Auseinandersetzung mit den Lernthemen und Inhalten. Diese kann eigenständig oder durch äußere Impulse ausgelöst werden.

Leistungsbezogene Motivation als Erfolgsgarant

Für einen ebenso kooperativen wie sachorientierten Umgang miteinander ist eine grundsätzlich positive Mentalität notwendig. Diese hilft sowohl in kooperativen Verhandlungen dabei, die Perspektive zu wechseln und Verständnis der Interessen zu haben, als auch in schwierigen Situationen, den Fokus auf die Sache und den Verhandlungsgegenstand zu richten. Besonders in hitzigen Verhandlungsdiskussionen sehen sich Verhandelnde oft vor der Notwendigkeit, eigene Emotionen zu kontrollieren und An-

Emotionskontrolle und positive Unterstellung

griffe nicht persönlich zu nehmen. Die Unterstellung, dass der Verhandlungspartner es nicht persönlich meint, sondern seine Ziele verfolgt, fußt dabei auf einer konstruktiven Einstellung für die Verhandlung. Nur wenn diese positive Grundhaltung vorherrscht, kann der Verhandelnde die Zusammenarbeit im Lichte positiver Unterstellung interpretieren und sich in der Diskussion auf die Verhandlungsattribute oder Überzeugungsargumente konzentrieren. Diese Denkmuster allerdings sind für viele Menschen nicht der gewöhnliche Reflex oder die angelernte Reaktion, sondern bedürfen einiger bewusster Aufmerksamkeit oder Übung. Das lässt sich gut in Trainings-, Coaching- und persönlichen Lern- und Reflexionsprozessen erreichen.

Sachliche Härte und Standhaftigkeit

Als vierte Einstellungskategorie ist die Haltung gegenüber harten Verhandlungspartnern trainierbar. Gerade in Bezug auf mögliche ungerechtfertigte Angriffe vom Gegenüber gilt es, Fassung und Ruhe bewahren zu können, eigene Impulse zu kontrollieren und bedacht zu agieren und zu reagieren (z. B. Thiele, 2007). Dabei ist auch wichtig, die eigenen Ziele, die Interessen der beteiligten Parteien und das Fortlaufen der Ziele im Blick zu haben. Im Training und mit eigener Übung können die innere Balance und Haltung sowie damit verbundene Reaktionsmuster angepasst und angeeignet werden. Die ausgeübte Härte gilt es zu justieren. Natürlich muss man dabei die Situation angemessen einschätzen können und dann entsprechend einer nachdrücklichen Haltung im Verhandlungsgespräch nachhaken und nachhalten können. Inneres Stressmanagement und Standhaftigkeit sind trainierbare Themen, die einem helfen, durchsetzungsorientiert aufzutreten und das eigene Verhalten entsprechend zu steuern.

4.2.4 Potenzialmanagement und Persönlichkeitsentwicklung

Potenzialentfaltung durch Talent Management

Wenn ein Unternehmen auf strategischer Ebene, auf Ebene der Kompetenzen und auf Ebene der Unternehmenskultur relevante Prozesse und Maßnahmen installiert hat, um Verhandeln im Betrieb zu fördern und zu systematisieren, dann kann ein weiterer Schritt sein, Potenziale durch geeignete Platzierung so einzusetzen, dass sie sich optimal entfalten können. Im Verhandlungskontext bieten sich natürlich verschiedene Karrierepfade und Entwicklungsmöglichkeiten für Talente an. Im Sinne des Talent Managements gilt es also, Potenziale zu identifizieren und umfassend zu fördern. Um ganzheitlich zu unterstützen, werden Erkenntnisprozesse und Entwicklungen im Persönlichkeitsbereich vorgeschlagen. Solche können helfen, in Verhandlungen aus eigenen persönlichen Mustern zu lernen und als authentischer Gesprächspartner im menschlichen Miteinander noch wirksamer aufzutreten.

In der Regel wird es nicht als Auftrag oder Forderung an ein Unternehmen angesehen, die Mitarbeiter in ihrer Persönlichkeit zu entwickeln. Gerade

Persönlichkeitsentwicklung als diskretes Angebot der Organisation

um dem Argument zu entgehen, Gleichmacherei zu betreiben oder zu stark in die Persönlichkeit der Mitarbeiter einzugreifen, verzichten Unternehmen häufig auf dieses Angebot. Tiefergehende Lernprozesse, die die eigene Persönlichkeit erreichen, beeinflussen sowohl Denken als auch Tun langfristiger (vgl. Abschnitt 2.6). Die Frage nach Gleichmacherei oder nach Eingriff in die Persönlichkeit von Mitarbeitern basiert auf dem Dilemma, ab wann eine Förderungsmaßnahme der Leistung von Mitarbeitern als Manipulation bezeichnet werden kann oder gar inakzeptabel sei. Moralisch betrachtet wären das solche, die dem Mitarbeiter oder anderen Menschen schaden sollen. Alle Förderungsmaßnahmen eines Unternehmens, auch solche, die die Persönlichkeit berücksichtigen, sollten dem Aufbau von Stärken oder eigenem Selbstwert und weiteren Kompetenzen dienen. Gerade das spiegelt dann auch Aspekte einer positiven Unternehmenskultur wider und muss also keines Urteils scheuen. Eine offene Auseinandersetzung damit mag nämlich auch Zielvereinbarungen auf individueller Lernzielebene erleichtern und begründen helfen (Schuler, 2004). Letztlich wird jede Organisation entsprechend der vorherrschenden Werte und Kultur ihre Entscheidungen dazu treffen. Ein wirksames Vorgehen kann sein, wenn Stärken gefördert werden und das Bewusstsein für Schwächen und damit verbundene Risiken auch auf Ebene der Persönlichkeit angegangen wird, sodass jeder Betroffene im Unternehmen davon profitieren kann. Gleichzeitig ist es nicht notwendig, individuelle Persönlichkeitsprofile offenzulegen oder in anderen Kreisen als im Coaching- und Lernzielkontext zu besprechen. Daten aus etwaigen Persönlichkeitstest oder Stärken- und Entwicklungsprofilen sind aber auch durchaus für die Unternehmensführung von Interesse. Auf dieser Ebene oder auch in Personalabteilungen sollten aber ausschließlich aggregierte Indikatoren Einsatz finden, beispielsweise entlang von Verhandlungseigenschaften oder des Kompetenzmodells des Unternehmens (vgl. hierzu auch Krumm, Mertin & Dries, 2012). Auf höherer Ebene zusammengefasste Daten, die dadurch natürlich anonymisiert sind, können eine wichtige Aussage über das Potenzial der Mitarbeiterschaft (beispielsweise einer Vertriebsmannschaft) machen und letztlich zur Ableitung weiterer Maßnahmen dienen.

Als Einzelner: Bewusstsein für persönliche Muster schärfen

Für eine Einzelperson ist die eigene Persönlichkeit möglicherweise nicht unmittelbar zugänglich. Über eigene in der Persönlichkeit verankerte Stärken und Schwächen wiederum zu reflektieren, hilft eigene Muster zu erkennen und bestimmte Tendenzen aus der eigenen Persönlichkeit bewusst zu steuern und zu modulieren. Das ist insbesondere relevant, wenn durch Verhaltens- und Sprachmuster, die aus der Persönlichkeit entstammen, das eigene Auftreten in einer Verhandlung schwächer würde. Auf der anderen Seite können allerdings auch Übertreibungen in bestimmten Facetten der Persönlichkeit dazu führen, dass die Kooperationsbereitschaft eines Verhandlungspartners sinkt. Empfehlenswert ist es, bestimmte Dimensionen der Persönlichkeit, die mit der Wirksamkeit im sozialen Auftreten zu tun haben, durch einen Persönlichkeitstest sichtbar zu machen, also zu messen (beispielsweise durch einen Persönlichkeitstest im Kontext von Führung, Verkauf oder Verhandeln). Auswertungen professioneller Testverfahren enthalten in der Regel ein Gutachten mit im besten Fall persönlichen Empfehlungen. Das Ziel ist es, aus den Ergebnissen Schlüsse auf eigene, in Teilen möglicherweise unbewusste, Erlebens- und Denkmuster zu richten, die Verhalten zu Erfolgen, aber auch in riskante Manöver, steuern. Vorhandene Stärken können in der Folge bewusster und zielgerichtet eingesetzt werden. In Entwicklungsbereichen – dazu zählen Schwächen- und Übersteigerungsbereiche gleichermaßen – gilt es, bestimmte Maßnahmen zu ergreifen, um gezielt daran zu arbeiten, beispielsweise durch systematisches Bewusstmachen zur Vermeidung einer Aktion oder Reaktion aus dem entsprechenden Persönlichkeitsfeld oder auch durch Coaching. Auch der Besuch von geeigneten Persönlichkeitsseminaren kann hier wertvoll sein.

Viele Facetten, die tief in der Persönlichkeit verankert sind, sind tatsächlich trainierbar. Umlernen bedeutet in diesem Fall eine freiwillige und bewusste Weiterentwicklung der eigenen Persönlichkeit. Häufig wird argumentiert, dass Persönlichkeitsveränderung nicht möglich oder nicht nötig sei. Nun muss man sich nur bewusst machen, dass im Laufe des Lebens die eigene Persönlichkeit als relativ stabiles Set von Eigenschaften und verwurzelten Grundhaltungen natürlich vor allem in jungen Jahren starke Entwicklungen und Veränderungen erfuhr. Aber auch ohne bewusstes Zutun ergeben sich aufgrund von äußeren Einflüssen, bestimmten Erfahrungen oder veränderten Verhaltensweisen oder Gewohnheiten bleibende Effekte auf die Persönlichkeit. In einem Training wird durch Reflexionen, Feedback über die eigene Wirkung, Erfahrungsprozesse, Selbstbekräftigungen (Affirmationen) und Umsetzungsplanung in Verhalten außerhalb des Trainings angestrebt, genau solche langsamen Veränderungen zielgerichtet zur Entfaltung bestimmter Potenziale und zum eigenen Wohlbefinden herbeizuführen. Genau durch solche Maßnahmen kann ein Einzelner im Hinblick auf persönliche Verhandlungen profitieren.

Persönlichkeitsentwicklung stärkt das Selbstwertgefühl

4.2.5 Wirksamkeit und Nutzen

Um den Nutzen von Weiterbildungsmaßnahmen zu evaluieren, kann man sich am oben beschriebenen Modell nach Kirkpatrick (1998) orientieren, das Ergebnisse auf verschiedenen Ebenen darstellt (vgl. Abschnitt 4.2.2, Kompetenzmanagement). Es unterscheidet Ergebnisse für die Teilnehmer (Zufriedenheit, Lernerfolg, Transfererfolg) von Ergebnissen für die Organisation (Geschäftserfolg, Rentabilität). Jede Personalentwicklungsmaßnahme dient in diesem Sinn also nicht hauptsächlich dem Zweck, Teilnehmer zufriedenzustellen, sondern soll einen Effekt und einen Nutzen für eine Organisation auf allen beschriebenen Ebenen haben. Es gilt in der Regel,

Ziel von Verhandlungsmanagement ist Unternehmenserfolg

strategische Zielsetzungen umzusetzen. Allgemeines Ziel ist es, dass Lerninhalte aus Qualifizierungen vorliegen und im künftigen beruflichen Alltag eingesetzt werden, also auf das berufliche Funktionsfeld übertragen werden. Besonders wichtig dafür ist ein systematischer Transferprozess, damit Wissen, Fähigkeiten, (neue) Einstellungen und Fertigkeiten gezielt und bewusst angewendet werden (Döring, 2008). Einfach ausgedrückt wird ein Umsetzungsplan benötigt, der einem hilft, die Inhalte, die relevant sind, bewusst in neue oder veränderte Gewohnheiten zu überführen und nach und nach zu automatisieren. Nun ist es so, dass Ergebnisse aus Förderungsmaßnahmen häufig aus bestimmten Erkenntnissen und weicheren Facetten eigener Verhaltensmuster bestehen und in der Umsetzung manchmal mehr oder weniger bewusst und gezielt zu verbesserten Ergebnissen führen. Gleichzeitig gibt es natürlich bei einer Erfolgsmessung auch jede Menge Störgrößen, die dem Lernenden selbst, aber auch dem Messenden, unterschiedliche Interpretationsmöglichkeiten liefern für Zusammenhänge von Ursache und Wirkung, also von Qualifizierung und späterer Leistung. Hier zeigt sich, dass der eigentliche Nutzen der Personalentwicklung häufig nur schwer zu erfassen ist. Genau diese Situation erschwert für internes Personalmanagement häufig die Begründung von Entwicklungsmaßnahmen.

Erwirtschafteter Gewinn oder vermiedene Kosten als Vergleichsgröße

Am leichtesten ist der Nutzen in der Personalarbeit anhand von vermiedenen Kosten oder tatsächlichen potenziellen Leistungsgewinnen zu beschreiben. Beispielsweise ist es so, dass ein scheidender oder ein möglicherweise fehlplatzierter Mitarbeiter Opportunitätskosten für das Unternehmen verursacht, da die Arbeitsleistung geringer als die erwartete Leistungserbringung für das Unternehmen ausfällt. Umgekehrt gilt das auch für einen Mitarbeiter in Weiterbildung, sowohl in einer Einarbeitungsphase als auch in laufender Qualifizierung. Abbildung 18 verdeutlicht diesen Sachverhalt – vergleichend für die Kontexte Einarbeitung beziehungsweise Weiterbildung und Unternehmensaustritt. In diesem Zusammenhang offenbart sich erneut, dass eine förderliche Unternehmenskultur und eine Weiterqualifizierung im Rahmen der Unternehmensstrategie und einer individuellen Mitarbeiterorientierung auch dazu beitragen, Leistungsmotivation zu fördern und Mitarbeiter an das Unternehmen zu binden (Retention Management, vgl. Meifert, 2008a).

Ein Unternehmensleiter, Berater, Trainer, Coach oder Personalmanager muss in der Regel zu Schätzungen greifen, wenn er die tatsächlichen Effekte von Weiterbildungsmaßnahmen beziffern möchte. Nur selten werden individualisierte Maßnahmen in Unternehmen oder bei bestimmten Projekten mit wissenschaftlichen Evaluationsmethoden begleitet. Manchmal berichten Unternehmen Veränderungen des Geschäftserfolgs nach Personalmaßnahmen. Weil aber Trainingseffekte nur selten gezielt gemessen werden (können) oder solche nicht öffentlich gemacht werden, mangelt es bisweilen an zugänglichen Rentabilitätsrechnungen. Es gibt aber dennoch Erkenntnisse über Effektgrößen von Trainingsmaßnahmen in Organisationen. Die berich-

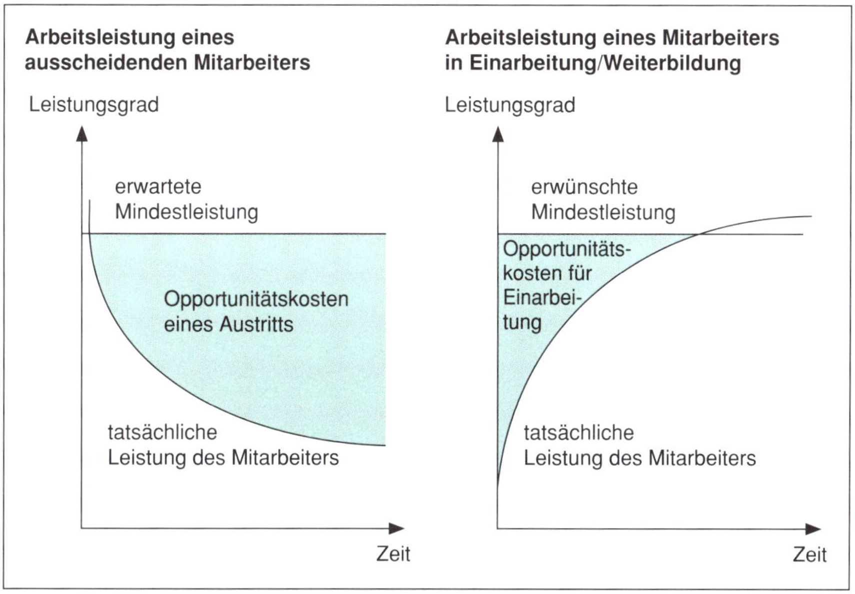

Abbildung 18:
Leistung und Opportunitätskosten im Kontext von Unternehmensaustritt und Weiterbildung (angelehnt an Meifert, 2008a)

teten Effektgrößen in einer umfassenden zusammenfassenden Studie belegen, dass nach einer Maßnahme tendenziell immer ein deutlicher Effekt nachweisbar ist. Das gilt für unterschiedliche untersuchte Kriterien: sowohl für Lernziele, als auch für Verhaltensveränderung sowie für Produktivitäts-Ergebnisse (Arthur, Bennett, Edens & Bell, 2003). Wittmann (2009) demonstriert an einer eindrucksvollen Beispielrechnung entlang einer Investitionsrechnungsformel, welcher Return-on-Investment (ROI) sich mit den Effektgrößen aus der zitierten Studie für Entwicklungsmaßnahmen für ein Unternehmen ergibt. Angenommen ein Personalentwicklungsprogramm kostet 8.000,– Euro pro Person und der Lerneffekt hält 2 Jahre an, dann würde der ROI unter einer konservativen Schätzung bei 1,48 liegen – unter einer optimistischen Schätzung bei 2,58 (die beiden Werte berücksichtigen noch die Annahme eines bestimmten Jahresgehalts und die Schwankung der Produktivität). Das bedeutet, dass die Maßnahmen ein Eineinhalb- bis Zweieinhalbfaches an finanziellem Nutzen für die Organisation generieren können. In diesem Beispiel würden also pro Person 12.000 bis 20.000 Euro allein durch die Trainingsmaßnahme an Produktivitätsgewinn ins Unternehmen zurückkehren. Interessant an dieser Rechnung ist, dass sie bereits vor der Durchführung einer Qualifizierung mit den entsprechenden Schätzgrößen möglich ist und nicht erst im Nachgang bestimmt werden kann. Häufig wird die ökonomische Bedeutung von Entwicklungsmaßnahmen also in der

Return-on-Investment: mehrere Tausend Euro pro Person

Tat weithin unterschätzt (Wittmann, 2009). Trainingsmaßnahmen bergen auf allen Ebenen für engagierte Teilnehmer mögliche wertvolle Steigerungen eigener Effektivität und somit für Organisationen einen Beitrag zur strategischen Zielerfüllung.

5 Fallbeispiele aus der Unternehmens- und Beratungspraxis

In diesem Kapitel werden drei unterschiedliche Beispiele aus dem praktischen Alltag beschrieben, in denen auf unterschiedlichen Ebenen die Überzeugungskraft oder Verhandlungsstärke von Einzelpersonen oder Teams durch beschriebene Maßnahmen systematisch erhöht werden. Üblicherweise steht es für Führungskräfte, Projektleiter, Teammitglieder oder Vertriebsexperten nicht im Zentrum der eigentlichen Tätigkeit, das eigene Verhandlungskönnen zu steigern. Denn oftmals besteht aufgrund von Vorgaben aus der Organisation, der gegenseitigen Rolle im Gespräch mit anderen oder auch aus gängiger Praxis keine Veranlassung, das eigene Können über die Maße hinaus zu erweitern. In vielen Fällen gelingt es zur eigenen Zufriedenheit, einen anderen auf der Sach- und Beziehungsebene zu überzeugen. Wenn also beide Verhandlungspartner ohnehin kooperativ verhandeln können und wollen, dann ist ein konstruktiver Prozess und Gesprächsablauf zu erwarten. Was aber, wenn einer der Beteiligten an der Verhandlung nicht will oder kann? Dann ist der Einsatz von Techniken nötig, die sich auf das unkooperative Verhalten konzentrieren und es gegebenenfalls sichtbar machen. Ziel ist dann also, zunächst die Bereitschaft zur Kooperation, also zur Verhandlung, als Verhandlungsziel zu verfolgen, bevor die eigentlichen Verhandlungsgegenstände ins Zentrum der Aufmerksamkeit rücken können. Solche schwierigen Verhandlungen sind entsprechend herausfordernd. Dann empfiehlt es sich durchaus, das eigene Können und die eigenen Haltungen in der Verhandlungssituation bewusst einzusetzen, zu lenken, zu üben oder zu erweitern.

Fokus bei schweren Verhandlungen richtig legen

In der Anwendung und in den Beispielen wird deutlich, wie die Akteure und Entscheider in den beschriebenen Fällen genau vor dieser Situation stehen, einen (oder mehrere) Verhandlungspartner überzeugen zu wollen oder zu müssen. Das Besondere an den Fällen ist, dass sie aus unterschiedlicher Perspektive betrachtet werden und das Thema Verhandeln und Überzeugen in den einzelnen Fällen auf verschiedenen Ebenen adressiert wird. Das erste Beispiel beschäftigt sich mit einem Trainingsprogramm für Führungskräfte in Projekten, in denen sie keine disziplinarische Führungsverantwortung für ihre Teammitglieder haben – und daher stark im Überzeugen und Verhandeln gefordert sind. Beispiel zwei fasst ein umfangreiches strategisches Vertriebsentwicklungsprogramm zusammen, mit dem eine deutliche Ergebnissteigerung für ein Unternehmen erreicht werden konnte. Im dritten Abschnitt wird ein Selbsttraining beispielhaft erläutert, mit dem jeder Leser unmittelbar eigene Situationen vorbereiten kann, in denen es gilt, andere Personen überzeugen zu wollen.

5.1 Verhandeln und Überzeugen in Führung und Projekten

Trainingskonzept für Führen ohne Vorgesetztenfunktion

In diesem Abschnitt wird ein Beispielablauf eines Trainings dargestellt, das als Vorlage für ein Seminar dienen kann, um Personen für die Techniken und Denkweisen im Rahmen von Überzeugungs- und Verhandlungssituationen zu sensibilisieren. Das Seminar richtet sich an Personen in Unternehmen, die im Rahmen ihrer Verantwortung Kollegen oder Kooperationspartner innerhalb oder außerhalb ihrer Organisation führen und beeinflussen müssen, ohne eigentliche disziplinarische Führungsverantwortung für diese zu haben. Trotz der Überschrift *Führung* betrifft ein großer Teil der Themen und eigenen Situationen der Teilnehmer Überzeugungs- und Verhandlungssituationen, was bereits eine erste Lernerkenntnis beinhaltet. Die Herausforderung besteht also darin, mit anderen Menschen durch wirksames Auftreten und überzeugende Kommunikation zu erzielen, dass andere Personen sich ohne eigentliche Gegenleistung kooperativ zeigen. Nichthierarchische Führungskräfte verfolgen das Ziel der Kooperation, Mitwirkung und Verbindlichkeit, ohne dass sie eine direktive Kraft oder hierarchische Machtposition dabei unterstützen könnte. Klassische Funktionen können Produktentwickler, Projektleiter, Fachführungskräfte, Dienstleister im Unternehmen oder auch Begleiter von Umstrukturierungs- und Veränderungsprozessen und Berater sein.

Situationsbeschreibung

Projektleiter oder Personen in Unternehmen, die in Teams arbeiten, deren Mitglieder von anderen Linienführungskräften geführt werden, stehen vor einer herausfordernden Aufgabe. Es gilt, andere Personen im Rahmen von Zielsetzungen zur Kooperation und zum Bereitstellen von Zeit- und Expertise-Ressourcen zu gewinnen, ohne eine disziplinarische Führungsfunktion für diese Personen zu besitzen. Dabei ist wichtig, neben dem Lösen vieler Zielkonflikte, dem Erkennen von übergeordneten und strategischen Zielsetzungen und dem Umsetzen der eigenen operativen Aufgaben, gewinnend im Umgang mit anderen aufzutreten. Solche gewinnenden Führungsgespräche und Verhandlungen, die per Definition entgegen der linearen Hierarchie in Organisationen oder auch mit externen Dienstleistern oder Kunden zusammen verlaufen, bedürfen einer besonderen persönlichen Überzeugungskraft.

Optimieren interner Kommunikation in Matrix-Organisationen

Das Training hilft einem Unternehmen beispielsweise, die interne Kommunikation zwischen Unternehmensbereichen stetig weiterzuentwickeln, Projekte voranzubringen und Projektleiter oder Produktmanager im Unternehmen gut zu vernetzen. Außerdem können Service-Abteilungen in ihrer Wertigkeit nach vorn gebracht und auch neue Führungskräfte identifiziert werden.

Ziel des Trainingsprogramms ist es, dass jeder Teilnehmer die eigenen Führungsfertigkeiten im täglichen Tun reflektiert und einen Lernprozess zur Erweiterung auslöst. Dabei sollen auch Handlungshinweise für ganz konkrete eigene Situationen oder Personen im Umfeld jedes Teilnehmers erarbeitet werden, sodass ein unmittelbarer Mehrwert aus der Teilnahme entsteht. Ein geplanter Lerntransfer unterstützt die eigene Anwendung relevanter Führungs- und Kommunikationstechniken nach den Seminarteilen.

Persönliche Learnings für jeden Teilnehmer

Das Seminar sieht eine Zweiteilung in zwei Blöcke vor (insgesamt 3 Tage, aufgeteilt in Block 1 à 2 Tage und Block 2 à 1 Tag), die im Abstand von etwa drei bis sechs Monaten stattfinden sollten. Sinn der Aufteilung ist es, die Trainingszeit effizient zu nutzen, ein Überfrachten zu vermeiden und zwischen den zwei Teilen gezielt einzelne, durch die Teilnehmer selbst ausgearbeitete, Umsetzungsziele im Alltag zu bewältigen. Wenn die Teilnehmer sich dann zu Block 2 erneut treffen, kann jeder von eigenen Umsetzungserfolgen berichten oder die Gruppe und den Coach nach Ideen und Hinweisen zu Schwierigkeiten und Herausforderungen befragen. Mit dieser Art der Transferplanung von Seminarinhalten in den Wirkungsalltag der Teilnehmer wird eine Methode des Erlernens oder Umlernens von relevanten Denk- und Verhaltensweisen eingesetzt. Darüber hinaus gehen die Betroffenen so in der Regel bewusster mit dem eigenen Auftreten im Überzeugungskontext um. Die Methodik der Umsetzungs- und Lernplanung hat entsprechende Gültigkeit für die Transfersicherung auch über Block 2 hinaus.

Methoden-Mix im Seminar

Inhaltlich drehen sich die drei Tage des Seminars für die Teilnehmer um zwei Grundprinzipien für wirksame Überzeugungsarbeit als Kooperationspartner in nicht-hierarchischer Führung: wertschätzende Einbindung des anderen und Konsistenz im Handeln. Dazu werden in praxisorientierten Übungen, Gruppendiskussionen, Vorbereitung und Durchführung von Rollenspielen sowie Einzelübungen und Reflexionen mit den Teilnehmern unterschiedliche Wege und Möglichkeiten für Erkenntnisgewinn geboten. In kurzen und prägnanten Vortragselementen über relevante theoretische Grundlagen am Flipchart und mit PowerPoint können die Teilnehmer Kenntnisse und Methoden vertiefen. Zuletzt ist jeder Teilnehmer angehalten, die eigenen Erkenntnisse durch Notizen auf einem individuellen Lernzettel zu sichern und mit den Trainingsunterlagen abzugleichen.

Block 1: Hauptseminar

Die Hauptabschnitte des Seminars strukturieren sich für die ersten zwei Tage in die Bereiche Grundprinzipien und Theorie, Techniken für wirksame Führung, Gesprächsführung in bilateralen Situationen sowie zielführende Kommunikation in Gruppen. Nach einem kurzen Theorie-Input oder einer erfahrungsbezogenen Übung werden abgeleitete Verhaltens- oder Kommunikationstechniken in Beispielfällen aus der Erfahrung der Teilnehmer oder in vorbereiteten Übungen angewendet. In den Übungen und im aktiven Trai-

Bearbeiten eigener Fallbeispiele

nieren sollte Wert darauf gelegt werden, dass sowohl durch persönliches Ausprobieren und individuelles Feedback durch Gruppe und Trainer als auch durch Beobachten persönliche Lernthemen identifiziert werden. Diese können mit eigenen Ideen oder Tipps der Coaching-Runde (Trainer und Teilnehmer als Peer-Coachs) unmittelbar justiert werden. Besonders wertvoll ist dabei für die Teilnehmer, wenn mit eigenen Fallbeispielen gearbeitet wird, die die Teilnehmer erlebt haben oder noch vor sich haben. Die Fälle werden am ersten Tag im Training gesammelt und in unterschiedlichen Abschnitten und Übungsteilen bearbeitet, beispielsweise als Rollenspiel oder auch in einer Coaching-Runde mit den anderen Teilnehmern als Coachs. Tabelle 16 zeigt den angedeuteten zeitlichen und inhaltlichen Ablauf des Trainingsblocks.

Tabelle 16:
Ablaufkonzept eines Trainings für „Wirksames Führen ohne Vorgesetztenfunktion"

Uhrzeit	Inhalt	Methode
	Tag 1	
9:00	Begrüßung und Rahmensetzung: – Herausforderungen lateraler Führung in virtuellen Teams, in einer Matrix-Organisation oder in Projekten – Ebenen der Führung und Kommunikation – Unterschied zwischen Leadership und Management	Vortrag
9:30	Vorstellungsrunde	
10:00	Erfolgsfaktoren und Mindset für Spitzenleistung	Gruppenübung
10:30	Kaffeepause	
10:45	Rolle der Führungskraft bei Motivation und Aktivierung	Diskussion Vortrag
11:00	Situationsangemessenes Führen	Vortrag Diskussion Einzelarbeit
12:00	Mittagspause	
13:00	Sammlung eigener Fallbeispiele	Kleingruppenarbeit Präsentation
13:30	Fundamentale Führungswerkzeuge: – Das Prinzip der positiven Unterstellung – Das Prinzip des Affen auf der Schulter (Verantwortung statt Aufgaben delegieren) – Führen mit Blick auf die Realität – Sog statt Druck erzeugen	Vortrag Übungen
15:30	Kaffeepause	
15:45	Kollegiales Coaching zur Behandlung der Fallbeispiele	Kleingruppenarbeit
17:00	Abschluss Tag 1	

Tabelle 16 (Fortsetzung):
Ablaufkonzept eines Trainings für „Wirksames Führen ohne Vorgesetztenfunktion"

Uhrzeit	Inhalt	Methode
	Tag 2	
9:00	Rückblick Hauptlerninhalte vom Vortag	Diskussion
9:15	Aktivierende Gesprächsführung als wirksame Führungsmethode	Vortrag
9:45	Kollegiales Coaching, Vorbereitung von Gesprächssituationen	Kleingruppenarbeit
10:30	Kaffeepause	
10:45	Überzeugendes Auftreten in bilateraler Kommunikation	Rollenspiel Individualfeedback
12:00	Mittagspause	
13:00	Zielführende Kommunikationsprozesse in Gruppen	Vortrag Gruppenübung
14:30	Zielkonflikte wirksam auflösen und Vertrauen herbeiführen	Team-Gruppenübung
15:30	Prinzipien für Vertrauen	Vortrag
15:45	Kaffeepause	
16:00	Transfer- und Umsetzungsplanung	Einzelarbeit
17:00	Ausblick und Abschluss Block 1	

Block 2: Follow-Up

Das Konzept des zweiten Trainingsblocks beginnt dann konsequent mit einer Wiederholung der inhaltlichen Kernbotschaften aus Block 1 und einem Umsetzungsrückblick, bei dem die Teilnehmer mit der Gruppe über Erfolge beim Überzeugen anderer berichten. Aus den Transferberichten zwischen Block 1 und 2 ergeben sich möglicherweise neue Fallbeispiele, die im Anschluss mit den Methoden aus Block 1 bearbeitet werden können (Peer-Coaching oder Rollenspiel). Neue inhaltliche Themen in Block 2 beschäftigen sich beispielsweise mit Selbstmanagement und eigenen Persönlichkeitsmustern in Kommunikation und Überzeugung. Diese Inhalte verknüpfen bereits behandelte Techniken und Kernaussagen mit Vertiefungen und Erweiterungen auf persönlicher Ebene. Insofern trägt Block 2 zur Festigung des Könnens und der Verhaltenslernziele bei. Methodisch sollte wie im ersten Seminarteil darauf Wert gelegt werden, dass jeder Trainingsteilnehmer aktiv trainiert und so persönliche Rückmeldungen zu den behandelten Themen und eigene Verhaltenshinweise erhält oder für sich ableiten und vertiefen kann. Tabelle 17 fasst den Trainingstag für Block 2 inhaltlich, methodisch und zeitlich zusammen.

Festigung und Vertiefung

Tabelle 17:
Ablaufkonzept des Nachfass-Trainings für „Wirksames Führen ohne Vorgesetztenfunktion"

Uhrzeit	Inhalt	Methode
	Tag 3	
9:00	Begrüßung und Umsetzungsrückblick	Einzelberichte
9:30	Wiederholung und Auffrischung Kerntechniken für Überzeugung	Diskussion
10:00	Neue Herausforderungen und eigene Fallbeispiele	Präsentation
10:30	Kaffeepause	
10:45	Behandeln der Fallbeispiele	Kleingruppenarbeit Rollenspiel
11:30	Anpassen eigener Kommunikationsmuster an unterschiedliche Persönlichkeiten	Einzelarbeit Vortrag Kleingruppenarbeit
12:30	Mittagspause	
13:30	Erzielen von wirksamem Informationsfluss in der Zusammenarbeit mit Experten und Spezialisten	Gruppenübung
15:15	Kaffeepause	
15:30	Selbst- und Stressmanagement für sicheres und selbstsicheres Auftreten	Vortrag Einzelarbeit
16:30	Transfer- und Umsetzungsplanung	Einzelarbeit
17:00	Abschluss Block 2	

Ableiten von Lernzielen im Seminar

Lernergebnisse im Seminar im Hinblick auf die eigene Wirksamkeit in Überzeugungssituation gliedern sich vornehmlich entlang der Kernbotschaften im Komplex von Führung und Verhandeln. Teilnehmer formulieren eigene Lernziele beispielsweise unter Überschriften wie diesen:

- Bewusstsein für Führung.
- Unterscheiden zwischen Managen und Führen.
- Denkweisen für Erfolgsausrichtung.
- Situationsangemessenes Führen in Abhängigkeit von Können und Wollen des Gesprächspartners.
- Führungswerkzeuge, Einzeltechniken.
- Gewinnender Umgang mit Widerstand.
- Peer-Coaching als Methode zur Lösung schwerer Fälle.
- Gesprächsstruktur für Verhandlungs- oder Überzeugungsgespräche.
- Einigkeit im Team erreichen, wirksame Moderation.
- Vertrauen entwickeln.
- Persönliches Lernthema, o. Ä.

Im beschriebenen Seminar erhält jeder Teilnehmer zu seinen eigenen Lernthemen gezielte Verhaltenshinweise, die in der Regel mit den eigenen Lernthemen korrespondieren und leicht zu verknüpfen sind. Solche Verhaltenshinweise können beispielsweise sein:

Korrespondierendes Feedback und Verhaltenshinweise

- Konjunktive vermeiden.
- Kurze Sätze machen.
- Ich-Botschaften formulieren, eigene Befindlichkeit äußern.
- Fragen stellen und Antworten abwarten.
- Nach Ursachen fragen, wenn jemand eine Vereinbarung nicht einhält.
- Vorschläge abwarten, nicht zu früh eigene Lösungen vorgeben.
- Das gemeinsame Ziel bestätigen.
- Ausdrückliche positive Botschaften vermitteln.
- Fakten nennen, Klartext ohne Emotion sprechen.
- Pausen machen, Blickkontakt aushalten, o. Ä.

Transferplanung zur erfolgreichen Umsetzung im Alltag

Zusammen mit Einzelhinweisen und Rückmeldungen aus Übungen und Rollenspielen soll sich jeder Teilnehmer eigenverantwortlich zwei bis drei Lernthemen auswählen und noch in Block 1 einen Umsetzungsplan erstellen. Beispielsweise nimmt sich ein Teilnehmer unter der Überschrift „Einwandbehandlung" einzelne Handlungselemente vor, um bewusst und gezielt den eigenen Umgang mit Widerstand anzugehen. Solche Handlungselemente können sein, dass die Führungskraft im Nachgang an das Seminar bestimmte typische Einwände seiner schwierigen Gesprächspartner reflektiert und eine potenzielle gute Reaktion schriftlich ausarbeitet. Diese kann dann beispielsweise auch noch mit einem Kollegen besprochen werden, um weitere Ansatzpunkte und Lösungsideen zu erhalten. In ersten und vielleicht leichteren Situationen können diese dann in der realen Anforderungssituation im Alltag ausprobiert, Erfolge reflektiert und Handlungsweisen verfeinert werden. Schließlich finden neue Formulierungen und Verhaltensweisen Schritt für Schritt Eingang in das Verhaltensrepertoire der Führungskraft, natürlich auch mit dem schwierigen Gesprächspartner. Das gezielte Planen eines solchen Lernprozesses von Verhalten ist eine wichtige Voraussetzung für den Erfolg. Ohne das gezielte Verhalten greifen Menschen gerade in schwierigen Anforderungssituationen in der Regel auf die gewohnten Verhaltens- und Reaktionsmuster zurück. Diese sind oft genau diejenigen, die es Schritt für Schritt zu verändern gilt. Dabei ist natürlich eine realistische Erwartung wichtig. Eigene Kommunikations- und Verhaltensmuster werden sich nicht unmittelbar zu 100 %iger Zielerreichung verändern. Ziel einer erfolgreichen Umsetzungsplanung nach einem Seminar ist es deshalb, Situationen, die ohnehin eintreten, gezielt und bewusst mit neuen Verhaltenselementen zu füllen, um so sukzessive kleine Überzeugungserfolge zu erzielen. Auch wenn die Anwendung nicht in jedem Fall unmittelbar erfolgreich verläuft, steigt die Chance dafür durch die eigene Konzentration doch beträchtlich. Hin und wieder wird ein Lernender vermutlich bestimmte Vorhaben im entscheidenden Moment übersehen oder seinen Vorsatz vergessen. Mit einer systematischen Transferplanung relevanter Lernthemen wird aber ein schnellerer und stärkerer Erfolg erzielt und gesichert als ohne. Je spezifischer und konkreter ein Teilnehmer seinen Lernplan ausarbeitet (beispielsweise auch mit Datum und konkreten Treffen und Personen versehen), desto leichter fällt die Anwendung der einzelnen Vorhaben, die es letztlich dann nur noch zu erinnern gilt. Der Coach kann dabei den Austausch und Ausarbeitung der einzelnen Umsetzungsplanungen unterstützen.

In Block 2 des Seminars berichten die Führungskräfte dann von den einzelnen Erfolgen. In der Regel fällt es nicht schwer, im Rückblick positive Veränderungen zu erkennen. Gerade lernmotivierte Teilnehmer erzählen erfahrungsgemäß häufig von besonderen Anwendungserfolgen und deutlichen Verbesserungen ihrer eigenen Führungs- und Überzeugungsarbeit. Einzelne Themen werden in Block 2 dann weiter vertieft. In der Phase der Umsetzung ergeben sich für Teilnehmer auch weitere Fragestellungen oder neue Herausforderungen. Auch diese werden in den letzten Seminartag integriert.

Akzeptanz und Praxisrelevanz des Trainings

Das Trainingskonzept, das in vergleichbarer Form in der Praxis Anwendung findet, genießt hohe Akzeptanz in unterschiedlichen Bereichen des Unternehmens. Teilnehmer bewerten vermittelte Inhalte und eingesetzte Methoden als sehr positiv. Die Themen und Erkenntnisse haben für die Führungskräfte eigenen Berichten zufolge große Relevanz für den eigenen beruflichen – und manchmal auch privaten – Alltag. Das Seminar bietet eine ausgewogene Maßnahme, die Mitgliedern in einem Unternehmen hilft, ihr eigenes Auftreten im Kontext des Überzeugens anderer bewusst zu verbessern. Darüber hinaus gelingt es den Teilnehmern durch dieses Trainingsdesign, bisherige Führungserfahrungen einordnen zu können und klare Handlungskonzepte für den künftigen Umgang mit ihren Kollegen und Kooperationspartnern abzuleiten. Die Checkliste im Kasten fasst den Ablauf des Trainings, den die Teilnehmer durchlaufen, kompakt zusammen.

Checkliste: Ablauf des Trainings zur Steigerung der Wirksamkeit in lateraler Führung
Block 1
– Theorie – Praxisübungen und Praxisfälle – Feedback – Ableiten von Lernthemen – Umsetzungsplanung
Transfer
– Umsetzung der geplanten Lernmomente – Einsatz erlernter Techniken und Denkweisen – Reflexion und Selbstbeobachtung

Block 2
– Umsetzungsrückblick – Vertiefung und Erweiterung (Theorie und Übungen) – Praxisfälle – Ableiten und Vertiefung von Lernthemen – Umsetzungsplanung
Transfer
– Umsetzung der geplanten Lernmomente – Einsatz erlernter Techniken und Denkweisen – Reflexion und Selbstbeobachtung – Ableiten nächster Schritte

5.2 Verhandeln und Überzeugen im Vertriebs- und Verkaufskontext

Strategieumsetzung mit Maßnahme zur Vertriebsentwicklung

Dieses Kapitel stellt ein Projekt zur Umsetzung der Strategie einer Vertriebsorganisation in einem international agierenden Konzern dar. In der Beschreibung werden vor allem der Prozess und die innere Logik der Maßnahme hervorgehoben. Für die Übertragbarkeit auf andere Organisationen interessiert auch die Beschreibung der Situation, äußerer Anforderungen und erzielter Ergebnisse. Die Maßnahme kann so auch für andere Unternehmenseinheiten zur Übertragung Pate stehen, beispielsweise auf Einkaufsorganisationen. Die Besonderheit des Programms, die für die erfolgreiche Umsetzung als notwendig angesehen wird, ist die Verknüpfung der Entwicklung allgemeiner verkäuferischer Fähigkeiten einerseits mit individuellen Lernthemen und andererseits mit konkreten Kundenfällen. Dabei wurde im Projektaufbau darauf geachtet, dass Organisationsleitung, Vorgesetzte, Teilnehmer (in diesem Fall Key-Account-Manager) und Coachs stets maximal involviert waren. Die Maßnahme hatte dabei für das Unternehmen strategische Relevanz.

Situationsbeschreibung
Es handelt sich um ein großes Unternehmen im Bereich Logistik. Die Branche steht im allgemeinen Kontext der Wirtschaft unter deutlichem Kostendruck. Das Unternehmen hatte zu Beginn der Maßnahme bereits eine Reihe von Reorganisationsprozessen abgeschlossen. Kostenstrukturen waren sukzessive angepasst worden, um möglichst renditestark zu handeln. Gleichzeitig gingen die Umsätze marktgetrieben deutlich zurück, da das Logistik-Geschäft des Unternehmens volkswirtschaftliche Veränderungen unmittelbar spürt. Als zentrale Herausforderungen aus dieser

Ansatz an zentralen Hebeln zur Steigerung des Betriebsergebnisses

Situation zeichnen sich demnach die Auslastung der fixkostengetragenen Kapazitäten in Verbindung mit Kundenbindung ab. Der Konzern hat auf Kostenseite bereits viele Anpassungen gemacht und will sich für die Zukunft vorbereiten und Investitionen ermöglichen. Dadurch wird der Preis der Leistungen zentraler Hebel für ein nachhaltiges Betriebsergebnis. Deshalb stellte der Vorstand auch die Anforderung an seine Verkaufsmannschaft, die Preise bei den Kunden anzupassen, also zu erhöhen.

Die Key-Account-Manager führen in der Regel Jahresgespräche mit ihren Kunden, in denen Rahmenverträge, die Abnahme und Preise regeln, mit konkreten Konditionen verhandelt werden. Sie verantworten dabei etwa 90 Prozent des erwirtschafteten Umsatzes des Unternehmens. Viele Angebote beinhalten eine recht komplexe Kosten- und Preisstruktur, vor allem bei internationalen Dienstleistungen. Frühere Preiserhöhungen konnten meist als Kostenanpassungen an den Kunden weitergegeben werden. Die Umsetzung der Preisstrategie stellte also eine in Teilen neue Anforderung an die insgesamt 75 Key-Account-Manager, die mehreren marktsegmentierten Unternehmensbereichen zugeordnet sind. Es galt, sich von hervorragenden Kundenbetreuern hin zu starken Verkäufern zu entwickeln. Es sollte also vermieden werden, dass die Preisgespräche zu verfahrenen Situationen führen.

Vorbereitung auf Jahresgespräche zur Preisverhandlung

Ansatzpunkt für die Maßnahme war es, die Vorbereitung und Durchführung der Preisanpassungsgespräche professionell zu unterstützen. In Abstimmung mit verantwortlichen Führungskräften der Organisation wurde der Ansatz gewählt, eine gestaffelte Maßnahme auf den Ebenen der Verkäuferpersönlichkeit, grundlegender erfolgsorientierter Einstellungen und Verhandlungstechniken und Fähigkeiten durchzuführen und den persönlichen Lernprozess sowie die Umsetzung in der Anforderungssituation zu begleiten. Abbildung 19 zeigt den Ablauf im Überblick.

Begleitung über 1 Jahr

Die Dauer und der dargestellte Ablauf umfasst etwa ein Geschäftsjahr des Unternehmens. Vorbereitungen der einzelnen Schritte und Schlussfolgerungen aus dem Ergebnis erweitern den Umfang des Projekts im zeitlichen Horizont. Bei der Festlegung von Terminen wurde darauf Wert gelegt, dass notwendige Veranstaltungen und Trainingsmaßnahmen zum Zeitpunkt der anstehenden Jahresgespräche abgeschlossen waren, damit Erkenntnisse und Entwicklungsthemen als Nutzen des Trainings entsprechend vor der Anwendung beim Kunden zur Umsetzung kamen. Jeder Key-Account-Manager (KAM) hatte im Verlauf der Maßnahme fünfmal direkten oder indirekten Kontakt mit den externen Trainern und Coachs oder den eingesetzten Lernsystemen (Schritt 1, 2, 3, 5 und 7). Die Schritte 0, 4 und 6 dienten der inhaltlichen Ausarbeitung der Folgeschritte sowie der Einbindung der Führungskräfte in die Entwicklung und Unterstützung der Lernprozesse und Anforderungen sowie der Einschätzung der Umsetzungsqualität und Ergeb-

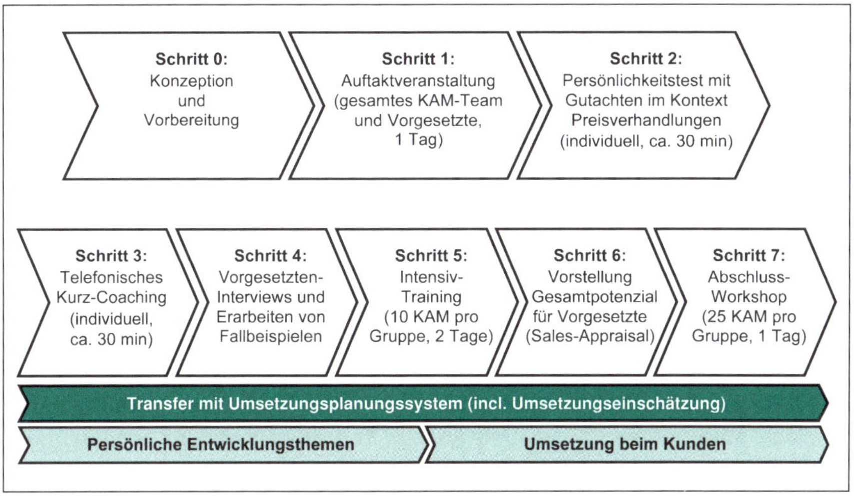

Abbildung 19:
Design der Maßnahme zur Umsetzung der Preisstrategie

nisse der Maßnahme. Die einzelnen Bausteine hatten eine plausible Einbettung in den Prozess und fokussierten auf spezifische Ziele und Inhalte, wie im Folgenden dargestellt:

- *Schritt 1*

Schritt 1: Auftakt-Workshop

Im Auftakt-Workshop (Schritt 1) hielt der Unternehmensvorstand eine Ansprache, die die strategische Bedeutung und die Notwendigkeit des Projekts mit verbundenen Erwartungen an die Teilnehmer verdeutlichte. Von den Projektverantwortlichen wurden Ablauf, Anforderungen, Zielsetzung, das Projektteam, das Trainerteam und die eingesetzten Instrumente vorgestellt. Außerdem gab es in dieser Veranstaltung Workshop-Elemente, bei denen unter Einbindung der Teilnehmer Kernthemen in Bezug auf die strategische Anforderung erarbeitet wurden. Die Ergebnisse wurden dokumentiert und zu einem späteren Zeitpunkt auch als Anspruchsvergleich sowie zur Veränderungseinschätzung hervorgeholt. Ziel dieses Ein-Tages-Workshops, der in Vollversammlung aller Teilnehmer durchgeführt wurde, war es, Akzeptanz und Verständnis für die Maßnahme herzustellen und eine Lernhaltung zu aktivieren.

- *Schritt 2*

Schritt 2: Persönlichkeitstest zur Ableitung von Stärken und Risiken im Preisgespräch

Schritt 2 war ein persönlicher vertriebsorientierter Persönlichkeitstest, für dessen Bearbeitung jeder Key-Account-Manager etwa 30 Minuten investierte. Die Durchführung erfolgte online. Als Testverfahren wurde die *Sales Potenzial Evaluation* (SPE, CEVEYSYSTEMS, o. J. b) gewählt. Das Verfahren ist ein wissenschaftlich fundiertes Instrument, das im Vertriebskontext entwickelt wurde und vertriebsbezogene Persönlichkeitsdimensionen erfasst. Insgesamt besteht es aus 208 Fragen, für die jeweils das Zutreffen auf die eigene Person vom Teilnehmer zu beurteilen ist. Das Ergebnis gliedert sich in vier Bereiche mit jeweils vier Dimensionen. Vorteil des Verfahrens ist, dass zusätzlich eine zusammenfassende Analyse über mehrere Einzelpersonen durchgeführt werden kann (Sales-Appraisal, siehe Schritt 6, dort werden auch die einzelnen Dimensionen berichtet). Aus den Ergebnissen des Tests wird ein persönliches Profil erstellt, das der Teilnehmer erhält. Zusätzlich wurde für jeden Key-Account-Manager ein persönliches Gutachten vom Coach formuliert, das konkrete und auf die Anforderungssituation der Preisverhandlung abgestimmte Empfehlungen und abgeleitete Lernthemen enthielt, die sich aus dem Profil ergaben. Gutachten, Entwicklungsthemen und konkrete Empfehlungen in Bezug auf die Preisanpassungsgespräche erhielt der Teilnehmer vertraulich und zur Vorbereitung auf das Telefon-Coaching.

- *Schritt 3*

Schritt 3: Telefon-Coaching und Vereinbarung von Lernthemen

Nach Auswerten des Persönlichkeitsprofils und Erstellen des individuellen und verhandlungsbezogenen Gutachtens wurden die Teilnehmer von einem Coach zu einem vereinbartem Termin angerufen. In diesem telefonischen Kurz-Coaching (Schritt 3) wurden die vorliegenden Ergebnisse aus dem Persönlichkeitsprofil mit dem Key-Account-Manager besprochen. Ziel war es, das eigene Profil mit den persönlichen Stärken und Lernthemen gemeinsam zu interpretieren und für den Teilnehmer greifbar zu machen. Die Lernthemen wurden in diesem Rahmen entlang bestimmter Empfehlungen mit dem Coach vereinbart und im Umsetzungssystem (online) für den Key-Account-Manager dokumentiert. Das etwa 30-minütige Telefonat endete mit dem Auftrag, sich bis zum Treffen im Intensiv-Workshop mit begrenztem Aufwand, aber dennoch bewusst, in Reflexion und mit Handlungsversuchen mit den Lernthemen aus dem Persönlichkeitstest zu beschäftigen. Inhalt und Ergebnisse dieser Beschäftigung sollten dann auch im Lernsystem online knapp dokumentiert werden.

- *Transfersystem*

Transfersystem: Lernbegleitung und Vertragsfallvorbereitung

Das Transfersystem (begleitend ab Schritt 3) ist ein Online-Portal, das bei der Umsetzung der Lernthemen (Aspekt 1) und der Anwendung im Verhandlungsfall mit dem Kunden (Aspekt 2) Erinnerungs-, Unterstützungs- und Dokumentationsfunktion erfüllt (CSYSTRANSFER, CEVEYSYSTEMS, o. J. a). Für die Umsetzung im aktuellen Projekt wurde es gleichzeitig genutzt, um eigene Erfolge der Umsetzung einzuschätzen (Evaluation, Aspekt 3, vgl. Kapitel 4.2.2). Jeder Teilnehmer am Programm hatte im Transfersystem mit eigenen Zugangsdaten Zugriff auf seine persönliche Lernplan-Dokumentation. Technisch war sichergestellt, dass der Teilnehmer nur auf seine eigenen Daten und Eingaben zugreifen konnte. Das Trainer- und Coach-Team konnte Einträge bearbeiten und die Arbeit des selbstgesteuerten Lernens der Teilnehmer einsehen. Für die Nutzung der Online-Plattform wurde eine Anleitung bereitgestellt. Im Kurz-Coaching hatte der Coach bereits Ergebnisse aus dem Gespräch dokumentiert und vorab vereinbarte Lernthemen und Verhandlungsbezeichnungen, in der Regel waren dies die Namen der Kunden, vermerkt. Es wurde Wert darauf gelegt, dass die Arbeit mit dem Lernsystem nicht als Mehraufwand verstanden wurde. Einträge benötigten in der Regel wenige Minuten. Als motivierendes Element hinterließ jeder Coach persönliche motivierende Worte für den Teilnehmer, die bei der Nutzung einsehbar waren. Das Beispiel eines Online-Formulars für die Umsetzung der Preisstrategie nach dem Intensiv-Workshop im vorab bestimmten Kundenfall zeigt Abbildung 20.

Aktionsfeld: Intensiv-Training/Umsetzung beim Kunden
Transfer-Thema: Kunde/Vertragsfall 1:
Für eine erfolgreiche Umsetzung der Preisstrategie werde ich bei diesem Kunden vor allem folgende Themen/Aspekte beachten:
Das heißt für mein Handeln:

Abbildung 20:
Beispiel Online-Transfer-Formular (begleitend zum Intensiv-Workshop)

Die Nutzung des Online-Systems wurde im Rahmen des Projekts ausgewertet. Dadurch ergeben sich Hinweise über die Lernhaltung der Teilnehmer. Außerdem kann die Organisation einschätzen, wie werthaltig die Investition in die Nutzung des Systems ist. Insgesamt haben 65 % der Teilnehmer nachvollziehbar an ihren Potenzialthemen gearbeitet (Transfer Persönlichkeitstest). Im weiteren Verlauf haben 37 % der Key-Account-Manager ihre Transfervorhaben bei Kunden im Tool kenntlich gemacht (Transfer Intensiv-Training). Zu Projektende haben 21 % der Teilnehmer ihre Ergebnisse bei Kunden reflektiert.

- *Schritt 4*

Schritt 4: Vorgesetzten-Interview zur Workshop-Vorbereitung von Kunden-szenarios

Nach den Telefoncoachings wurden die Vorgesetzten der KAMs von den Trainern zu bestimmten Situationen und Fallbeispielen befragt. Diese Interviews dienten der Vorbreitung der Inhalte und Themen des Intensiv-Workshops. Die komplexen Fallbeispiele fanden im Intensiv-Workshop neben eigenen Fällen Anwendung. Gleichzeitig dienten sie der Vorbreitung der Trainer und Coachs auf die relevanten Verhandlungsprinzipien, -techniken und Argumentationsstile im Jargon der Organisation.

- *Schritt 5*

Schritt 5: Intensiv-Workshop in Kleingruppen als Kernelement der Vorbereitung

Im zweitägigen Intensiv-Workshop (Schritt 5), der auf eine Gruppengröße von etwa 10 Teilnehmern begrenzt war (7 Durchführungen für 75 KAMs) wurden gewissermaßen als Expertensystem bestimmte allgemeine verhandlungsrelevante Strategien und Techniken für die aktuelle Situation bearbeitet und mit individuellen Anwendungsfeldern im eigenen Kundenfall verknüpft. Die Seminare wurden außerhalb des normalen Arbeitsplatzes in Seminarhotels durchgeführt. Die Gruppen arbeiteten so miteinander im Sinne eines kollegialen Coachings. Gleichzeitig halfen Reflexionselemente und ein praxisorientierter Ansatz, einzelne Sequenzen und besondere Verhandlungsselemente gezielt zu üben, mit Feedback aus Video, von der Gruppe und vom Trainer zu überarbeiten, und bereits im Seminar eine Leistungssteigerung im eigenen Wirkungsgrad und Nachdruck zu erzielen. Durch dieses Vorgehen wurde eine recht hohe Dynamik erzielt, die auch eine strategische Beschäftigung mit vorbereiteten und eigenen Kundenfällen abdeckte. Die spezifische Verknüpfung mit den Lernthemen aus der Persönlichkeitsanalyse vervollständigte das Spezialprogramm. Der Trainer kannte dabei die Ergebnisse des Persönlichkeitstests und die individuellen Lernthemen. Anwesende Führungskräfte unterstützten das Training aktiv als Co-Coachs für ihre Key-Account-Manager. Abschluss des Workshops war der Auftrag, die eigenen Themen knapp und für den Kundenfall im Umsetzungssystem einzutragen und nach der Anwendung in der konkreten Verhandlung ebenfalls dort für sich selbst kurz zu reflektieren. Der Grobablauf des Zwei-Tagesprogramms ist im Kasten zusammengefasst.

Ablauf der Intensiv-Workshops und Trainings
1. Einstimmung
– Persönliche Herausforderungen und Themen aus Persönlichkeitstest – Innere Klarheit und Denkmuster für Erfolg – Zentrale Werkzeuge und Verhandlungstechniken
2. Fallbeispiele
– Erfolgsstrategie – Wichtige Punkte für die Verhandlungen in den (konkreten) Beispielfällen – Praxistraining
3. Eigene Preisfälle
– Vorbereitung anhand von Checkliste und Coaching – Wichtige Punkte für die konkrete Verhandlung – Praxistraining

4. Umsetzungsplanung
– Kundentermine – Verknüpfung mit Lernthemen – Konkreter Transfer

- *Schritt 6*

Der nächste Schritt baute auf den Ergebnissen der Vertriebspotenzialanalysen auf. Aus den Ergebnissen der einzelnen Persönlichkeitstests wurde ein zusammenfassender Bericht erstellt. Dieses Sales-Appraisal (Schritt 6) ergibt für die Führungskräfte einen Überblick über das Gesamtpotenzial und einzelne Stärken- und Entwicklungsdimensionen für die Gruppe der Key-Account-Manager. Das Sales-Appraisal enthielt dabei keine personenbezogenen Daten. Die Auswertung war anonym und ergab ein Bild für einen Gesamtüberblick im Vergleich zu einer Benchmark sowohl in der Tendenz als auch in Bezug auf die Streuung. Im aktuellen Projekt ergab sich insgesamt ein durchschnittliches Vertriebspotenzial, das sich als branchenübergreifende Normalität interpretieren ließ. Im Vergleich zu einer erwarteten Normalverteilung setzte sich die Gruppe der Key-Account-Manager aus etwas weniger Spitzenkräften zusammen zugunsten eines größeren Mittelmaßbereichs. Die Detailergebnisse orientieren sich an den Dimensionen der Verkaufspersönlichkeits-Potenzialanalyse. Die Auswertung erfolgte pro Persönlichkeitsdimension entlang einer Skala. Kategorial zusammengefasst ergaben sich Stärkenbereiche, OK-Bereiche und Entwicklungsbereiche, wie in Tabelle 18 abgebildet.

Schritt 6: Vertriebspotenzialeinschätzung für die Geschäftsführung

Tabelle 18:
Sales-Appraisal: Zusammenfassendes Ergebnis für die 75 Key-Account-Manager

Dimensionen	Stärken	OK-Bereiche	Entwicklungsbereiche
Systematik Planung	– Fokussierung	– Systematische Orientierung (übersteigert) – Selbstverantwortung – Offenheit/Lernbereitschaft	
Soziale Kompetenz	– Rhetorik/Einflusswirkung	– Abgrenzung/Unabhängigkeit (übersteigert) – Abschlussstärke	– Empathie
Persönlichkeit		– Kontaktstärke – Energie/Biss	– Konsequenz – Ehrgeiz
Stabilität	– Misserfolgstoleranz – Positives Denken	– Emotionale Steuerung (übersteigert) – Finanzielle Orientierung	

Im Einzelnen bedeuteten die Ergebnisse für die gesamte Vertriebsmannschaft, dass sie grundsätzlich die Prioritäten gut im Blick hat und Kontinuität sowie Durchhaltevermögen für Kundenentwicklung zeigt. Gleichzeitig haben die Key-Account-Manager im Durchschnitt eine ausgeprägte Fähigkeit, mit Rückschlägen konstruktiv umzugehen und sich nicht unterkriegen zu lassen. Dieser Sachverhalt ist geprägt durch ein allgemein gesundes Selbstbewusstsein im Auftritt und eine grundsätzlich konstruktive Haltung auch in kritischen Phasen und bei schwierigen Kunden. Auf der Seite der Entwicklungsfelder zeigte sich für die Gesamtgruppe der Key-Account-Manager, dass sie sich in der Regel zu sehr vom Kunden treiben lassen, anstatt ihn mit ihrer eigenen Linie zu beeinflussen. Als weiterer Punkt konnte identifiziert werden, dass der eigene Ehrgeiz eher durch Vorgaben des Vorgesetzten anstatt durch eigenes Anspruchsniveau gesetzt wird. Schließlich ergab die Analyse, dass die Key-Account-Manager Schwächen hatten, Kundenbedürfnisse zu erkennen und emotionale Wirkhebel im Verkauf zu nutzen. Das heißt, sie praktizierten in der Tendenz zu viel Fachdiskussion auf Kosten von ganzheitlicher Kundenberatung.

Die Schlussfolgerungen, die das Management der Organisation für die Vertriebseinheit ableitete, konnten sich unmittelbar an den Ergebnissen des Sales-Appraisals orientieren. Gleichzeitig waren natürlich die individuellen Themen zu berücksichtigen. Generell ergaben sich zwei Anschlussthemen: Selbstständiges unternehmerisches Denken und das eigene Anspruchsniveau beim Entwickeln der Kunden mit entsprechenden Wirkhebeln. Dies wurde im Abschluss-Workshop auch entsprechend adressiert.

- *Schritt 7*

Schritt 7: Abschluss-Workshop mit Ergebnisbetrachtung

Der Abschluss-Workshop (Schritt 7) wurde aus organisatorischen Gründen zu drei unterschiedlichen Terminen in drei Gruppen durgeführt. Wichtig war hier, den Verlauf und die persönlichen Entwicklungen gemeinsam und bewusst zu reflektieren. Ein Rückblick ebenso wie ein Ausblick umrahmte dabei eine Kurzvorstellung der Ergebnisse – sowohl in Bezug auf die Umsatzentwicklungen als auch in Bezug auf die Lernthemen. Der Tag endete mit der Aufgabe, den persönlichen Anspruch an den eigenen Beitrag für das folgende Geschäftsjahr bewusst für sich selbst zu reflektieren und dann die bekannten Techniken in einen handlungsorientierten Umsetzungsplan zu übersetzen. Durch diesen Appell wurden abschließend bereits die für den gesamten Bereich strategisch relevanten Lernthemen (Ehrgeiz und stärkere Identifikation) mit Verhaltenslernprozessen adressiert.

Ergebnisse: Vertriebsentwicklung und Leistungssteigerung

Das Projekt zur Umsetzung der Preisstrategie war für die Organisation auf zwei Ergebnisebenen erfolgreich. Sowohl in Bezug auf Leistungskriterien als auch in Bezug auf Lernkriterien. Die Weiterentwicklung des Vertriebs und der Key-Account-Manager hat generellen Wert und konnte auch unmittelbar eine signifikante vertriebliche Leistungssteigerung bewirken. So übertrafen die im Jahr der Maßnahme verhandelten Preise mit den Kunden die vorherigen Erwartungen und Prognosen des Managements deutlich (wenngleich sie leicht unter den öffentlich formulierten Zielkriterien lagen). Die Führungskräfte sahen eine wichtige Ursache für diesen Erfolg in der Entwicklungsmaßnahme zur Umsetzung der Preisstrategie.

Bezüglich der lernorientierten Themen fand das Projekt eine hohe positive Akzeptanz bei den Teilnehmern. Durch die Auseinandersetzung mit den Lern- und Umsetzungsthemen ist die Bedeutsamkeit der Preisverhandlungen auch für die Zukunft stark ins Bewusstsein der Teilnehmer gerückt. Hinsichtlich einer erfolgreichen Umsetzung von Preisanpassungen und weiter wachsender Verhandlungsperformance vollzogen viele der Teilnehmer deutliche Entwicklungsschritte. Nach Einschätzung der Projektverantwortlichen und der beteiligten Führungskräfte waren diese auch durch das wirkungsvolle Konzept der Maßnahme gefördert worden (Business-Orientierung, Ganzheitlichkeit, Präsenz des Top-Managements).

Business-Orientierung und Einbindung des Top-Managements als Erfolgsfaktoren

In der Reflexion wurden die Teilnehmer gebeten, eine Einschätzung darüber vorzunehmen, wie stark die Maßnahme (Persönlichkeitstest, Telefon-Coaching, Intensiv-Training, Transfersystem) neben der persönlichen Know-How-Entwicklung direkt zu einer Verbesserung ihrer Verhandlungsergebnisse beigetragen hat. Auf einer Skala von 0 (gar nicht) bis 10 (sehr stark) ergab sich eine Wirksamkeitseinschätzung von durchschnittlich 5,8. Es wurden auch Besonderheiten sichtbar, die den Effekt der Maßnahme noch deutlicher machen. Bei denjenigen Teilnehmern, die sich sichtbar engagiert haben, hat die Maßnahme zu einer unmittelbaren Ergebnisverbesserung geführt. Der Schlüsselfaktor für den Erfolg der Maßnahme war also eine aktive Lernhaltung statt Konsumentenhaltung seitens der Teilnehmer. Überdurchschnittliche Key-Account-Manager haben besonders von der Maßnahme profitiert. Hier eröffnete sich eine wichtige Erfahrung im Rahmen von Lernprojekten. Lernorientierte Personen zeigen größere Offenheit hinsichtlich angebotener Programme und nutzen die Inhalte stärker für die persönliche Weiterentwicklung. Da im aktuellen Projekt mangelnde Umsetzung folgenlos war, konnten niedrig motivierte Teilnehmer im Vergleich weniger zu verhaltensbezogenen Lernfortschritten bewegt werden. Die Einbindung der Führungskräfte als Coachs ebenso wie als Erinnerer ist demnach ein weiteres erfolgskritisches Merkmal für weitere Programmschritte. Außerdem ist die persönliche Lernhaltung ein werthaltiges Thema bei Initialschritten in einem solchen Projekt.

Lernbereitschaft als Erfolgsfaktor persönlichen Erfolgs

Für das Unternehmen ließen sich im Anschluss an das Projekt folgende Beobachtungen und Schlussfolgerungen formulieren:

- Investitionen in spezifische Weiterentwicklungskonzepte sind lohnend. Bei den Personen, die gutes Potenzial mit deutlichem Spielraum nach oben mitbrachten, gab es das beste Verhältnis von Entwicklungsaufwand und -ertrag.

- Für echte Entwicklungsfortschritte und Leistungssteigerung in der Breite ist eine konsequente coaching-orientierte Unterstützung und ein Monitoring durch die Führungskräfte notwendige Voraussetzung. Die Einbindung von Lern- und Umsetzungssystemen lieferte die Möglichkeit der Dokumentation von einzelnen Fortschritten und ein schnelles gemeinsames Verknüpfen von Lernthemen mit der Anforderungssituation.
- Die Key-Account-Manager standen am Ende des Projekts hinter dem ergebnisgesteuerten Vertrieb und waren hoch motiviert, ihn konsequent und ausdauernd zu realisieren.
- Zur weiteren Entwicklung bestand bei Projektende der Bedarf, besonders im unternehmerischen Denken und Handeln, im persönlichen Ehrgeiz, in der Zielorientierung und Arbeitssystematik, dem Vermitteln von Empathie und der Verhandlungs- und Abschlussstärke, Weiterentwicklungsangebote zu schaffen.
- Der Erfolg bei Preisverhandlungen beruhte bei einigen Key-Account-Managern auch darauf, bei manchen Kunden deutliche Preiserhöhungen durchgesetzt zu haben. Für diese Fälle ergab sich für das Folgejahr nun die Herausforderung der Kundenbindung und Stabilisierung.
- Strategisch behielt das Thema Preisverhandlung für das Unternehmen Bedeutung. Dabei sollte ein Wandel vom umsatz- zum ergebnisgesteuerten Vertrieb erzielt werden. Gleichzeitig wurden insbesondere die Themenfelder Zusammenarbeit mit der Leistungserbringung und Reduktion von Komplexität der Kostenstrukturen identifiziert.

Die Maßnahme hat also über die unmittelbar ergebnissteigernde Wirkung hinaus wertvolle Erkenntnisse für die Weiterentwicklung der Key-Account-Manager, der Personalentwicklungsstrategie und der Organisation erbracht.

5.3 Verhandeln und Überzeugen als „Verkäufer" einer Idee

Dieses Kapitel liefert unmittelbare Vorgehensweisen und Umsetzungshinweise für jeden einzelnen Anwender. Deshalb wird der Leser in den Empfehlungen und Formulierungen auch direkt angesprochen. (Natürlich sind auch die anderen Abschnitte dieses Bands praxis- und umsetzungsorientiert. Dort wurde aufgrund der Fallbeschreibung jeweils die berichtende Formulierung beibehalten.)

Steigerung der eigenen Überzeugungskraft

In einer Situation, in der Sie als Konsument, als Mitarbeiter oder als Partner, einer anderen Person, sei es einem Verkäufer, einem Kollegen, dem Vorgesetzten oder Ihrem Gesprächspartner einen Vorschlag machen wollen, befinden Sie sich in einem Überzeugungsprozess. Sie vertreten eine Meinung, möchten eine Idee verkaufen. Es gilt, dabei überzeugend aufzutreten. Dieses Praxiskapitel stellt entlang eines Beispiels bestimmte Schritte dar, die Sie dabei durchlaufen und fasst die Erkenntnisse in Tipps zusammen. Die

Übertragung vieler Inhalte aus diesem Band kann nach dem gleichen Prinzip verlaufen. Das Prinzip lässt sich in vielen Alltagssituationen anwenden. Grundlegend dabei ist es, bestimmte spontane Reflexe oder Formulierungen, die Widerstand begünstigen oder gar vergrößern, gezielt zu vermeiden. Wenn Sie das Vorgehen auf Ihre Situation anwenden, bereiten Sie sich so unmittelbar auf Ihr Gespräch vor. Mit einer solchen Vorbereitung und bewusster Gesprächsführung können Sie wirksamer auftreten und anhaltende Ergebnisse und Überzeugung Ihrer Gesprächspartner erreichen.

Beispielsituation

Stellen Sie sich vor, Sie arbeiten (beispielsweise als Führungskraft, Mitarbeiter oder Berater) für ein Unternehmen, das ein breites Spektrum an Produkten für Geschäftskunden anbietet. Historisch begründet ist der Unternehmensaufbau so, dass die Mitarbeiter im Vertriebsaußendienst in der Regel nur einen Teil der Produkte bei ihren Kunden anbieten. Das bedeutet, mehrere Verkäufer bedienen die Kunden größtenteils unabhängig voneinander. Diese Struktur ist für alle Beteiligten gewohnt und seit einigen Jahren praktiziert. Wir nehmen nun an, Sie möchten überzeugend vorschlagen, dass der Organisationsaufbau dahingehend verändert wird, dass der Vertrieb künftig nach Kunden geordnet wird, ein Verkäufer also mit allen Produkten des Unternehmens für eine definierte Kundenanzahl verantwortlich ist. Das Ziel ist es nun, unterschiedliche Personen von Ihrer Idee zu überzeugen.

Analyse und Vorbereitung

Beschreiben Sie zunächst Rollen und Funktionen Ihrer Gesprächspartner. Achten Sie dabei darauf, die Aufgaben der Personen klar zu erfassen.

Rollen und Funktionen beschreiben

Zunächst werden Sie sich damit auseinandersetzen, mit wem Sie in dieser Situation sprechen werden. Nehmen wir an, Sie haben um einen Termin beim Vertriebs-Chef gebeten. Außerdem sprechen Sie mit einem langjährigen Außendienstmitarbeiter und einem Produktmanager. Der Vertriebsleiter ist verantwortlich für die Leistung des Vertriebsteams und die damit verbundenen Verkaufszahlen aller Produkte des Unternehmens. Der Außendienstmitarbeiter betreut bis dato als Spezialist bestimmte Produkte und vertreibt diese an einen definierten, aber noch nicht ausgeschöpften, Kundenstamm. Die gleichen Kunden werden für andere Produkte von seinen Kollegen besucht. Der Produktmanager ist verantwortlich für die Entwicklung und Einführung neuer Produkte sowie damit verbundene Serviceangebote für die Kunden ebenso wie die Mitarbeiter des Unternehmens.

Zielsetzung formulieren, Mehrwert betrachten

Machen Sie sich im nächsten Schritt Gedanken über die Formulierung Ihrer Zielsetzung und sammeln Sie Vorteile einer Verwirklichung dieser Position aus unterschiedlichen Perspektiven. Achten Sie hier auf eine relativ generelle Vorteilsbeschreibung im Sinne strategischer Auswirkungen. Es kann auch helfen, potenzielle Nachteile aus verschiedenen Perspektiven zu betrachten.

Ihr eigenes Ziel ist es, die drei Personen in Gesprächen vom Sinn einer Umstrukturierung zu überzeugen. Die Position, die Sie vertreten, ist also klar für die Reorganisation. Sie möchten weg vom Produktspartenaufbau mit Spezialisten im Vertrieb hin zu einer Kundenspartenorganisation mit Generalisten im Vertrieb. Allgemeine Vorteile, die Sie sehen, können aus Kundensicht die Reduzierung von Komplexität des Einkaufs beinhalten. Aus Sicht des Unternehmens werden beispielsweise Reisekosten reduziert, bestimmte Prozesse können durch Synergien leichter standardisiert werden und sind somit ebenfalls kosteneffizienter (Bestellvorgänge, Buchungen, Provisionsberechnungen, etc.). Aus Mitarbeitersicht reduzieren sich Reisezeiten und die Anzahl der Kunden, auf die sich ein Außendienstmitarbeiter einstellen muss. Diese generellen Vorteile werden vermutlich nicht alle Betroffenen unmittelbar überzeugen. Es gilt, diese spezifisch auszuformulieren und im Gespräch zielsicher einzusetzen. Nachteile beinhalten die Kosten und den Aufwand zur Umstellung, feste Gewohnheiten aller Beteiligten und Veränderungen von Netzwerken.

Denkweisen und Haltung

Positive Grundhaltung

Bevor Sie Ihre Gesprächspartner treffen, ist es empfehlenswert, sich bestimmte Themen hinsichtlich der eigenen Denkweisen und Haltung gegenüber den Gesprächspartnern zu vergegenwärtigen. Das Wichtigste ist eine positive Grundhaltung.

Machen Sie sich bewusst, dass Ihre Gesprächspartner möglicherweise Einwände haben werden oder andere Positionen vertreten. Das ist nachvollziehbar und sollte nicht als persönlicher Angriff zu verstehen sein. Jeder wird seine eigene Sichtweise und Position vertreten, allein schon, weil jede Veränderung auch Risiken bietet und Gewohnheiten dadurch neu sortiert werden müssen. Wenn Sie diese Annahme treffen, fällt es Ihnen leichter, positive Motivationen zu unterstellen – eine Grundvoraussetzung für partnerschaftliche Verhandlungsgespräche.

Überzeugen des anderen als innere Leitlinie

Ein weiteres Denkprinzip vorab betrifft Ihre Zielsetzung. Es sollte nicht Ihr Ziel sein, die Gesprächspartner zu überreden oder zu manipulieren, sondern zu überzeugen.

Nur wenn der andere Ihre Argumente nachvollziehen kann, wird er einen wirklichen Schritt auf Sie zu machen. Es ist also Einsicht das Ziel. Der andere entscheidet sich freiwillig dazu, Ihnen zuzustimmen oder Gegenfragen und Argumente zu nennen. In der Argumentation müssen Sie natürlich die Situation Ihres Gesprächspartners berücksichtigen.

Darstellen der Idee

Bedürfnisbezogene Vorteile der Position sammeln

Im nächsten Schritt überlegen Sie sich, mit welchen Worten und Formulierungen Sie Ihren Vorschlag präsentieren möchten.

Dabei ist es wichtig, die Bedürfnisse der Betroffenen zu berücksichtigen. Überlegen Sie sich diese ruhig vorab. Welche Punkte sind für wen relevant, notwendig, unabdingbar? Welche Motive verfolgen Ihre Gesprächspartner? Was bewegt oder treibt sie? Was erwarten Ihre Gesprächspartner? Was wollen sie erreichen?

Der Vertriebsleiter wird motiviert durch Aspekte wie steigende Leistung, Erhöhen von Absatz und Umsatz, Reduzieren des Reisebudgets seines Bereichs, Qualifizierung seiner Mitarbeiter, Vereinfachung von Vertretungsregelungen im Team, verbesserte Führungs- und Controlling-Möglichkeiten, Erhöhen der Kundenzufriedenheit, Vermeiden von Konkurrenzverhalten innerhalb des Vertriebsteams, strategische Ausrichtung für die Zukunft, Anpassung von Verkaufsprozessen an Kundenprozesse und dergleichen. Möglicherweise sind für ihn auch Themen wie sein persönliches Profil, eigener Gewinn, Ansehen bei der Geschäftsführung, das Gefühl etwas Neues oder Bleibendes zu schaffen, usw. treibende Faktoren.

Vom Außendienstmitarbeiter wird man erwarten, dass es ihm wichtig ist, viele Kunden mit wenig Aufwand zu bedienen und dabei Erfolge zu verzeichnen. Dabei spielen Antriebskräfte wie Bestandskunden halten, Veränderungen oder Einschnitte vermeiden, Effizienz erhöhen, Ideen für Mehrumsatz generieren, Provision steigern, Absatz und Umsatz optimieren, Kunden binden, Kunden zufriedenstellen, einen Überblick über den Verkaufsprozess und die Bedürfnisse des Kunden haben, dem Vertriebsleiter gegenüber gute Leistung zu liefern und viele andere eine Rolle. Persönliche Beweggründe sind für einen Außendienstmitarbeiter häufig Spaß am Verkaufen, Umgang mit Menschen, Selbstständigkeit, hohe zeitliche Flexibilität, persönliches Image, Identifikation mit den Themen, Produkten, Marken oder dem Unternehmen etc.

Der Produktmanager wünscht sich vermutlich, gute Produkte zu entwickeln, die dem Kunden nutzen und Zufriedenheit generieren. Außerdem möchte er den Vertrieb mit relevanten Informationen und Services unterstützen (möglicherweise mit Kollegen aus dem Marketing) und Reklamationen hinsichtlich der Qualität gering halten. Meist wird er annehmen, dass seine Produkte zu wenig Verbreitung erhalten.

Zielgruppen-
spezifische
Formulierung:
Kontext, Position, Nutzen

Wenn Sie die Motive gesammelt haben, können Sie Ihre Idee angepasst auf den jeweiligen Empfänger, also zielgruppenspezifisch, formulieren.

Berücksichtigen Sie im Argumentieren einen Dreischritt aus Kontext, Position und Nutzen (vgl. hierzu auch Abschnitt 4.2.2). Nutzen ist dabei mehr als die vorab gesammelten Vorteile. Der Nutzen übersetzt gewissermaßen die Vorteile für den Kontext Ihres Gesprächspartners in Mehrwert aus seiner Perspektive. Gleichzeitig kann es sein, dass bestimmte Vorteile für einen Gesprächspartner keinen Nutzen liefern. Dann sollten Sie sich entsprechend auf die anderen Argumente konzentrieren. Setzen Sie beim Formulieren bewusst positiv besetzte Ausdrücke und Sprache ein.

Um der Vertriebsorganisation die Reorganisationsmaßnahme zu verkaufen, sollten Sie Ihre Überzeugungsformeln gut vorbereiten. Nach einer gewissen Übung gelingt dies sicher auch im Stegreif. Eine Überzeugungsformel für den Vertriebsleiter könnte lauten: „Die aktuellen Zahlen sind durchaus beachtlich. Ich bin überzeugt, dass wir diese Zahlen um einen signifikanten Betrag erhöhen können, wenn wir den Außendienstmitarbeitern ermöglichen, ihre Kunden umfassend und unter Einzelverantwortung zu entwickeln. Kunden werden zufriedener, der Außendienstler selbst erleichtert sich den Überblick über die einzelnen Kunden und erhält relativ gesehen mehr Zeit für seinen Verkauf. Gleichzeitig werden die administrativen Vorgänge im Haus konsolidiert. Durch eine solche Optimierung der Organisation sichern wir unmittelbar strategische Kennziffern für das Unternehmen und das Ansehen des Vertriebs in der Firma."

Ein Außendienstmitarbeiter wird folgende Formulierung gut nachvollziehen können: „Für Sie als Verkäufer ist es wichtig, beim Kunden Lösungen besonders kompetent präsentieren zu können. Mit den Produkten, die Sie aktuell verantworten, holen Sie hier bereits viel für Ihre Kunden, für sich und für die Firma heraus. Wenn der Kunde noch umfassender beraten ist und seine Kaufentscheidungen alle mit Ihnen als Berater treffen kann, dann würde das für Sie selbst mehr Umsatz, einen klareren Überblick und schnellere und flexiblere Reaktionsmöglichkeiten bedeuten. Dafür wäre eine Erweiterung Ihrer Produktpalette auf das gesamte Angebot der Firma notwendig. Dadurch erreichen Sie unmittelbar mehr Umsatzpotenzial pro Kunden. Im Gegenzug empfiehlt es sich, die tiefere Durchdringung jedes einzelnen Kunden durch eine Entlastung bei der Spanne der Kunden auszugleichen. Und genau das schlage ich vor. Das bedeutet für Sie unmittelbaren Kompetenzgewinn im Ansehen beim Kunden durch das Prinzip: Alles aus einer Hand."

Wenn Sie mit dem Produktmanager sprechen, kann sich eine Darstellung wie folgende als zielführend erweisen: „Es gibt ja im Unternehmen bisher die Ausrichtung, die Kunden nach Produktkategorien zu bedienen. Verkaufseffekte und Quernutzung über die Sparten hinweg passieren hier selten. Ich schlage vor, die Marken und Instrumente aus Ihrem Bereich für alle Kunden in den Verkaufskorb jedes Verkäufers aus dem Unternehmen zu packen, um die Verbreitung auch in die Verantwortung von jedem zu geben. Das bedeutet für Sie eine unmittelbare Erhöhung der Bekanntheit im Unternehmen und kein Überlegen mehr, wer im Vertrieb nun welche Informationen zu welchem Produkt benötigt."

Achten Sie beim Formulieren auf Ihren Ausdruck und Ihre Sprache.

Ausdruck, Sprache, Wortwahl, Sprechtempo, Satzlänge beachten

Ihr Sprechtempo muss dabei dem Verarbeitungstempo Ihres Gesprächspartners entsprechen. Kurze und prägnante Sätze erleichtern die Aufnahme. Außerdem benötigen Sie zu Beginn in der Regel keine tiefgehenden Details. Es ist durchaus wichtig und richtig, eine Auswahl an Argumenten und Informationen zu treffen. Wenn Sie zu viel sagen und zu lange sprechen, kann die Wirkung entstehen, dass Sie offenbar intensiv überzeugen müssen. Bei längeren Ausführungen können Sie durch strukturierende Worte die gedankliche Gliederung erleichtern (z. B. „Es gibt drei klare Vorteile, nämlich ..."). Achten Sie auch auf Adjektive, die Ihre Argumente verstärken (z. B. „einmalig, signifikant, wichtig, herausragend, komfortabel, wertvoll, ..."). In Argumenten helfen dabei klare Zahlen und Statistiken, wenn Sie Ihnen vorliegen. Alternativen dazu sind Referenzen und Empfehlungen, persönliche Erfahrungen, kleine Geschichten und Anekdoten oder Vergleiche.

Umgang mit Widerstand

Nun werden Sie sicherlich Gegenargumente erhalten. Ein typischer und normaler Reflex ist es, solche Argumente unmittelbar anzugehen und zu entkräften zu versuchen. Die Wirkung eines unmittelbaren Gegenarguments auf ein Argument ist allerdings bisweilen nicht, dass Sie ein gutes Argument für Ihre Position haben, sondern eine andere. Zumeist werden Sie beim Gegenargument eben als Gegner wahrgenommen, der die Interessen oder Argumentationen des anderen nicht verstehen will, geschweige denn berücksichtigt. So kommt es oft zum Ping-Pong von Argumenten, ohne dass sich das Gespräch fortbewegt. Ergebnis ist dann oft, dass sich einer der Gesprächspartner verschließt, zurückzieht, seine Gesprächsbereitschaft oder Einsicht einschränkt oder das Gespräch beendet. Häufig treten dabei auch emotionale Nebeneffekte auf (Verärgerung, Vorwürfe, Unverständnis, ...). Ziel muss also sein, dem Gesprächspartner das Gefühl echten Verständnisses zu geben und ihn zu öffnen für die Argumente, die nach wie vor gültig sind. Ein solches Vorgehen beschreibt die Technik der moderaten Einwandbehandlung (siehe Kasten und dem Band beiliegende Karte, angelehnt an Thiele, 2006).

Schlagabtausch von Argumenten vermeiden

Gewinnender Umgang mit Einwänden

Auf sachbezogene Einwände konstruktiv zu reagieren, erfordert ein besonderes Verständnis vom Gegenüber. Es ist wichtig, nicht nur auf die eigene Sachkompetenz oder gar Schlagfertigkeit zu bauen, um Einwände des anderen wirkungsvoll zu entkräften. Ein Einwand vom Gegenüber ist in der Regel ein ernst gemeinter Antrag zum Verhandeln oder Klären von Missverständnissen. Eine zu schnelle oder zu sachliche Reaktion führt häufig zu einem Schlagabtausch von Argumenten, bei denen sich die Gesprächspartner nicht mit den gegenseitigen Interessen, sondern vor allem mit ihrer eigenen Position beschäftigen. Daher ist es wichtig, den Einwand als Chance zu begreifen und sich zunächst die emotionale Ebene und die wirklichen Interessen und Bedürfnisse des Gegenübers zu vergegenwärtigen. Dieses empathische Verständnis gilt es, mit dem anderen durch eine Art Bestätigung abzusichern. Die Antwort auf eine Absicherung ist demnach immer eine Ja-Reaktion (z. B. „Ja genau“, „Sag ich doch“, „Gut, dass Sie mich verstehen“, nicken, zustimmender Blick). Das dann folgende sachliche Argument setzt an diesen Interessen an und löst den Widerspruch auf. Danach sollte – wieder im wechselseitig wertschätzenden Gespräch – der Gesprächspartner die Chance für neue Argumente erhalten oder durch seine Reaktion das Gespräch weiterlenken dürfen. Eine wirksame Einwandbehandlung folgt also einem Dreischritt aus *Verstehen – Argumentieren – Prüfen*. Häufig werden Phase 1 und 3 weggelassen, was gewissermaßen ein Hin-und-Her aus Argument und Gegenargument provoziert, das nicht deeskalierend, sondern zuspitzend, wirkt.

Die Phase des Verstehens bzw. Bestätigens fordert vom Sprecher, die Motive des anderen erkennen zu können. Wenn nicht unmittelbar deutlich wird, was das Gegenüber meint oder warum es eine bestimmte Position vertritt, hilft gezieltes Nachfragen auf unterschiedliche Weise (z. B. „Warum ist Ihnen das besonders wichtig?“, „Ich habe jetzt verstanden, dass Sie Wert darauf legen, dass … Ist das so?“, „Was finden Sie an meiner Lösung bisher interessant und was stört Sie?“). Die Antwort darauf kann dann unmittelbar (abgewandelt) wiederholt werden, um als Bestätigung zu dienen. Auch ein bewusstes Wechseln der Perspektive kann helfen, Bedürfnisse und Interessen hinter den Positionen der anderen zu erkennen („Was würde ich wollen, wenn ich der andere wäre, und warum?“ „Wie sieht die Welt aus der anderen Perspektive aus?“). Diese Erkenntnis ist eine wichtige Voraussetzung, um aus Verteilungsverhandlungen partnerschaftliche Verhandlungen zu machen (vgl. den Ansatz zum Harvard-Konzept in Abschnitt 2.4).

Durch Anwenden der gewinnenden Technik der Einwandbehandlung wird beim Betroffenen das Gefühl generiert, verstanden zu werden. Der Sprecher trainiert durch aktives Zuhören eine knappe und passgenaue Argumentation, die immer dann Gegensätze auflösen kann, wenn beide Gesprächspartner kooperationsbereit sind. Die Grafik auf einer dem Band beiliegenden Karte verdeutlicht den Prozess.

Der Dreischritt dieser Technik hat die Folge (1) Bestätigen der Motive, (2) knappe Argumentation, (3) Prüfen einer Reaktion vom Gesprächspartner. Überlegen Sie also beim Behandeln der Einwände zunächst genau, was im anderen vermutlich vor sich geht. Nur wenn Sie den offenbaren Gegensatz auflösen können und verdeutlichen, dass Sie genau dieses Motiv verfolgen oder aus bestimmten Gründen eine Erweiterung der bisherigen Lösung nahelegen möchten, werden Sie den Gesprächspartner gewinnen können.

Bearbeiten Sie alle Einwände Ihrer Gesprächspartner.

Alle Einwände behandeln

Der Vertriebsleiter wird möglicherweise folgende Einwände haben: „Das dauert recht lange, bis so etwas umgesetzt ist." Und: „Viele meiner Mitarbeiter werden mit der neuen Verantwortung und dem Verlust mancher Kunden nicht einverstanden sein." Auf den ersten Einwand könnten Sie beispielsweise antworten: „Sie fragen sich, wie schnell so eine Umstellung gehen kann. Ich denke, wir sollten hier einen Plan machen, der realistisch ist. Welche Kriterien sind aus Ihrer Sicht auf jeden Fall zu berücksichtigen?" Damit erzeugen Sie Beteiligung und haben vermieden, Widerstand zu hören. Durch die Bestätigung des Zeitaspekts sind Sie gewissermaßen direkt die Planung der Umsetzung angegangen. Dem zweiten Einwand der Problematiken in der Vertriebsmannschaft könnten Sie etwa so begegnen: „Die Mitarbeiter hier gut vorzubereiten, ist eine notwendige Voraussetzung für eine erfolgreiche Neuausrichtung auf die Kundenprozesse. Das sehe ich ganz genauso. An welcher Stelle benötigen wir aus Ihrer Sicht dabei noch Unterstützung, die wir noch nicht haben?"

Seitens des Außendienstes selbst könnte dieser Einwand aufkommen: „Ich kann keine Kunden abgeben, wenn wir nicht das Vertrauen der Kunden in uns riskieren wollen." Und: „Ich kenne doch die anderen Produkte gar nicht." Das erste Argument spricht die Treue und Loyalität der Kunden an. Das können Sie in Ihrer Antwort berücksichtigen: „Sie meinen, die Kunden sollten persönliche Bindung und Vertrauen in uns behalten. Genau. In der aktuellen Situation ist es wichtig, dass wir uns auf den Kunden ausrichten und gleichermaßen das Unternehmen fit für die Zukunft zu machen. Und deshalb gilt es, alles daran zu legen, dass jeder den Nutzen der Umstellung nachvollziehen kann. Daran haben Sie großen Anteil. Was meinen Sie?" Den Einwand fehlender Produktkenntnis können Sie beispielsweise so behandeln: „Sie sagen, dass viele Produkte für Sie also noch neu sind. Gut so. Dann sollten wir schnell dafür sorgen, dass Sie die Funktionen, Vorteile und Verkaufsargumente dazu kennenlernen. Wann passt das für Sie am besten?"

Der Produktmanager könnte möglicherweise diesen Zweifel nennen: „Was mache ich, wenn der Verkäufer dann nur noch seine Lieblingsprodukte anbietet und nicht das, wofür wir uns hier einsetzen?" Der Produktmanager sorgt sich darum, dass seine Entwicklungen möglicherweise Ladenhüter werden. Nehmen Sie das in Ihrer Antwort ernst, beispielsweise so: „Für Sie ist wichtig, dass alle Ihre Produkte erfolgreich und stark bei den Kunden und im Vertrieb repräsentiert sind. Das ist unser gemeinsames Ziel, genau deshalb soll die Umstellung erfolgen. Was ist dazu aus Ihrer Sicht noch nötig?"

Die Beispielformulierungen beschränken sich auf nur eine Variante. Natürlich lebt jede Formulierung auch von der Passung zu ihrem Verwender und der Modulation in der Aussprache. Die vorgeschlagenen Formulierungen dienen dazu, die Technik einer kooperationsorientierten Einwandbehandlung und eine grundsätzlich lösungsorientierte Sprache zu verdeutlichen. So ist dabei beispielsweise wichtig, dass Sie nicht nur simples Verständnis ausdrücken („Ich verstehe Sie"), sondern dass Sie sagen, was Sie verstehen (z. B. „Ich höre, es ist Ihnen wichtig, dass wir möglichst wenig Zeit verlieren"). Dann wird Ihr Gegenüber bei richtiger Bestätigung ein „Ja" signalisieren oder ausdrücken. Dieses „Ja" öffnet ihn für Ihr Argument. Wenn Sie alle Einwände wirkungsvoll und ebenso wertschätzend wie klar behandelt haben, steigt die Wahrscheinlichkeit dafür deutlich an, dass Ihr Gesprächspartner Ihnen Signale seiner Einsicht zeigt. Eine Ja-Reaktion nach der Einwandbehandlung entspricht dann in der Regel einer Zustimmung, die Sie im positiven Fall festschreiben können (z. B. „Gibt es aus Ihrer Sicht noch Sachgründe, die dagegen sprechen?" oder „Wollen wir diese Entscheidung dann gleich festhalten?").

Bleibende Einwände stellen manchmal keine sachlichen Einwände, sondern persönliche, politische oder emotionale Vorwände dar. Ein Vorwand versucht letztendlich zu verdecken, dass Ihnen Ihr Gesprächspartner nicht zustimmen möchte. Wenn Sie einen solchen Vorwand vermuten, hilft es, eine Frage zu stellen, um die Bereitschaft zur weiteren Verhandlung zu adressieren (z. B. „Ich merke, Sie haben starke Vorbehalte in Bezug auf meinen Vorschlag. Macht es aus Ihrer Sicht Sinn, sich weiter mit Sachargumenten dazu auseinander zu setzen? Das möchte ich anbieten."). Entscheidungen für ein „Nein" können Sie akzeptieren. Wer sich nicht überzeugen lassen will, wird in der Regel keine partnerschaftliche Kooperation erwarten. Sie vermeiden in jedem Fall, in den Modus des Überredens zu verfallen. In einem solchen Fall gilt es aber gleichzeitig, die eigenen Ziele im Licht der neuen Situation zu prüfen und gegebenenfalls neue Ziele zu formulieren. Das Ziel des Überzeugens bestimmter Betroffener würde verändert werden, wenn Sie andere Wege zur Umsetzung suchen wollen.

Nachbereitung

Situation unter Lerngesichtspunkten für künftige Herausforderungen betrachten

Überlegen Sie für Ihre nächsten Gespräche, was Sie gut gemacht haben und was Sie anders machen sollten.

Nach einem Gespräch lohnt es sich, darüber nachzudenken, welches Verhalten, welche Formulierungen oder welche anderen Aspekte zu dem Ergebnis geführt haben, das Sie erzielt haben. Natürlich ist es auch für die eigene Befindlichkeit angenehm, die Erfolge zu reflektieren. Notieren Sie sich Ihre Erfolgspraktiken und vermerken Sie sich Hinweise und Ideen zur Verbesserung Ihres Vorgehens für künftige Fälle. Prüfen Sie, welche Verhaltensweisen nicht erfolgreich waren und überlegen Sie die Gründe dafür. Daraus können Sie Zielsetzungen und Hinweise für künftige Gespräche ableiten. Es gilt als sicher, dass sich Ihre persönlichen Fertigkeiten in Verhandlungen und Überzeugungssituationen stets weiterverbessern lassen. Der Kasten fasst das Vorgehen zur Vorbereitung auf die Anforderungssituation zusammen.

Checkliste zur Gesprächsvorbereitung und Führung in einer Überzeugungssituation
Analyse und Vorbereitung
– Beschreiben Sie zunächst Rollen und Funktionen Ihrer Gesprächspartner. Achten Sie dabei darauf, die Aufgaben der Personen klar zu erfassen. – Machen Sie sich im nächsten Schritt Gedanken über die Formulierung Ihrer Zielsetzung und sammeln Sie Vorteile einer Verwirklichung dieser Position aus unterschiedlichen Perspektiven.
Denkweisen und Haltung
– Bevor Sie Ihre Gesprächspartner treffen, ist es empfehlenswert, sich bestimmte Themen hinsichtlich der eigenen Denkweisen und Haltung gegenüber den Gesprächspartnern zu vergegenwärtigen. Das Wichtigste ist eine positive Grundhaltung. – Ein weiteres Denkprinzip vorab betrifft Ihre Zielsetzung. Es sollte nicht Ihr Ziel sein, die Gesprächspartner zu überreden oder zu manipulieren, sondern zu überzeugen.
Darstellen der Idee
– Im nächsten Schritt überlegen Sie sich, mit welchen Worten und Formulierungen Sie Ihren Vorschlag präsentieren möchten. – Wenn Sie die Motive gesammelt haben, können Sie Ihre Idee angepasst auf den jeweiligen Empfänger, also zielgruppenspezifisch, formulieren. – Achten Sie beim Formulieren auf Ihren Ausdruck und Ihre Sprache.
Umgang mit Widerstand
– Bearbeiten Sie alle Einwände Ihrer Gesprächspartner.
Nachbereitung
– Überlegen Sie für Ihre nächsten Gespräche, was Sie gut gemacht haben und was Sie anders machen sollten.

6 Literaturempfehlungen

Kittel, F. (2006). *Test & Training – Verhandlungstechniken*. Freiburg: Haufe.

Lewicki, R. J., Hiam, A. & Olander, K. W. (1998). *Verhandeln mit Strategie – Das große Handbuch der Verhandlungstechniken*. St. Gallen: Midas Management Verlag.

Tries, J. & Reinhard, R. (2008). *Konflikt- und Verhandlungsmanagement – Konflikte konstruktiv nutzen*. Heidelberg: Springer.

7 Literatur

Arthur, W. J., Bennett, W. J., Edens, P. S. & Bell, S. T. (2003). Effectiveness of training in organizations: A meta-analysis of design and evaluation features. *Journal of Applied Psychology, 88,* 234–245.

Atkinson, G. M. (1980). *An introduction to negotiation.* London: Industrial Relations Training Centre.

Axelrod, R. (2005). *Die Evolution der Kooperation* (6. Aufl.). München: Oldenbourg.

Barry, B. & Friedman, R. A. (1998). Bargainer characteristics in distributive and integrative negotiation. *Journal of Personality and Social Psychology, 74,* 345–359.

Bazerman, M. H., Curhan, J. R., Moore, D. A. & Valley, K. L. (2000). Negotiation. *Annual Review of Psychology, 51,* 279–314.

Bazerman, M. H., Magliozzi, T. & Neale, M. A. (1985). Integrative bargaining in a competitive market. *Organizational Behavior and Human Performance, 34,* 294–313.

Bazerman, M. H. & Malhotra, D. (2007). *Negotiation genius – How to overcome obstacles and achieve brilliant results at the bargaining table and beyond.* New York, NY: Bantam Dell.

Bazerman, M. H. & Neale, M. A. (1992). *Negotiating rationally.* New York, NY: Free Press.

Behrmann, M. (2007). Verhandeln. In H. Schuler & K.-H. Sonntag (Hrsg.), *Handbuch der Arbeits- und Organisationspsychologie* (S. 348–354). Göttingen: Hogrefe.

Behrmann, M. (2010). *Verhandlungskompetenz – Ein persönlichkeitsorientierter und situativer Ansatz zur Operationalisierung individuellen Verhandlungspotenzials.* Lengerich: Pabst Science Publishers.

Behrmann, M. (2011). Verhandeln, Persönlichkeit und ihre Messung in Situational Judgment Tests. In P. Gelléri & C. Winter (Hrsg.), *Potenziale der Personalpsychologie* (S. 281–293). Göttingen: Hogrefe.

Berkel, K. (2006). Konflikt. In H.-W. Bierhoff & D. Frey (Hrsg.), *Handbuch der Sozialpsychologie und Kommunikationspsychologie* (S. 669–675). Göttingen: Hogrefe.

Berkel, K. (2013). Verhandlung und Konfliktlösung. In W. Sarges (Hrsg.), *Management-Diagnostik* (4., vollst. überarb. u. erw. Aufl., S. 395–399). Göttingen: Hogrefe.

Birbaumer, N. & Schmidt, R. F. (1996). *Biologische Psychologie* (3. Aufl.). Heidelberg: Springer.

Blake, R. R. & Mouton, J. S. (1968). *Verhaltenspsychologie im Betrieb. Das neue Grid-Management-Konzept.* Düsseldorf: Econ.

Blickle, G. & Solga, M. (2006). Einfluss, Konflikte, Mikropolitik. In H. Schuler (Hrsg.), *Lehrbuch der Personalpsychologie* (2., überarb. u. erw. Aufl., S. 611–650). Göttingen: Hogrefe.

Bohner, G. & Wänke, M. (2006). Einstellungsänderung. In H.-W. Bierhoff & D. Frey (Hrsg.), *Handbuch der Sozialpsychologie und Kommunikationspsychologie* (S. 415–422). Göttingen: Hogrefe.

Brehm, S. S., Kassin, S. M. & Fein, S. (1999). *Social psychology.* Boston, MA: Houghton Mifflin.

Carlisle, J. & Leary, M. (1981). Negotiating groups. In R. Payne & C. L. Cooper (Eds.), *Groups at Work* (pp. 165–188). Chichester, UK: John Wiley and Sons.

Carnevale, P. J. (2000). Negotiation. In A. E. Kazdin (Ed.), *Encyclopedia of psychology* (Vol. 5, pp. 404–407). Oxford: Oxford University Press.

Carnevale, P. J. & De Dreu, C. K. W. (2004). Methods of negotiation research: Introduction. *International Negotiation, 9,* 341–344.

Carnevale, P. J. & Pruitt, D. G. (1992). Negotiation and mediation. *Annual Review of Psychology, 43,* 531–582.
CEVEYSYSTEMS. (o. J. a). *Lernprozesse mit CSYSTRANSFER*. Tübingen: CEVEYSYSTEMS GmbH.
CEVEYSYSTEMS. (o. J. b). *SPE – Sales Potenzial Evaluation*. Tübingen: CEVEYSYSTEMS GmbH.
Chaiken, S. (1987). The heuristic model of persuasion. In M. O. Zanna, J. M. Olson & C. P. Herman (Eds.), *Social influence: the Ontario symposium* (Vol. 5, pp. 3–39). Hillsdale, NJ: Erlbaum.
Cialdini, R. B. (2001). *Influence – science and practice* (4th ed.). Needham Heigths, ME: Allyn & Bacon.
Cohen, A. R. & Bradford, D. L. (2005). *Influence without authority*. New York, NY: John Wiley & Sons.
Cohen, H. (1994). *You can negotiate anything – How to get what you want*. New York, NY: Citadel Press.
Conolly, T. & Ordóñez, L. (2003). Judgment and decision making. In W. C. Borman, D. R. Ilgen & R. J. Klimoski (Eds.), *Handbook of psychology: Industrial and organizational psychology* (Vol. 12, pp. 493–517). Hoboke, NJ: John Wiley & Sons.
De Dreu, C. K. W., Weingart, L. R. & Kwon, S. (2000). Influence of social motives on integrative negotiation: a meta-analytic review and test of two theories. *Journal of Personality and Social Psychology, 78,* 889–905.
Deutsch, M. (1949). A theory of cooperation and competition. *Human Relations, 2,* 129–152.
Deutsch, M. (1976). *Konfliktregelung*. München: Ernst Reinhardt Verlag.
Donohue, W., Kaufmann, G., Smith, R. & Ramesh, C. (1990, June). *Crisis bargaining: A framework for understanding intense conflict.* Paper presented at the 1990 annual conference of the International Communication Association, Dublin, Ireland.
Döring, K. (2008). Strategische Personalentwicklung – Vision und realistische Perspektiven. In M. T. Meifert (Hrsg.), *Strategische Personalentwicklung – Ein Programm in acht Etappen* (S. 45–65). Heidelberg: Springer.
Douglas, A. (1962). *Industrial peacemaking*. New York, NY: Columbia University Press.
Druckman, D. (1997). Negotiating in the international context. In I. W. Zartman & J. L. Rasmussen (Eds.), *Peacemaking in international conflicts – methods and techniques* (pp. 81–123). Washington, DC: United States Institute of Peace Press.
Ebner, N. & Elfron, Y. (2005). Using tomorrow's headlines for today's training: Creating pseudo-reality in conflict resolution simulation games. *Negotiation Journal,* 377–393.
Edmüller, A. & Wilhelm, T. (2010). *Manipulationstechniken – So wehren Sie sich*. Freiburg: Haufe.
Erbacher, C. E. (2005). *Grundzüge der Verhandlungsführung*. Zürich: vdf.
Erpenbeck, J. & Rosenstiel, L. v. (Hrsg.). (2007). *Handbuch Kompetenzmessung – Erkennen, verstehen und bewerten von Kompetenzen in der betrieblichen, pädagogischen und psychologischen Praxis* (2., überarb. u. erw. Aufl.). Stuttgart: Schaeffer-Poeschel.
Festinger, L. (1957). *A theory of cognitive dissonance*. Stanford, CA: Stanford University Press.
Fisher, R. (2004). The problem-solving workshop as a method of research. *International Negotiation, 9,* 385–395.
Fisher, R., Ury, W. & Patton, B. (1991). *Getting to yes – Negotiating agreement without giving in*. New York, NY: Penguin Books.
Fisher, R., Ury, W. & Patton, B. (2006). *Das Harvard-Konzept – Der Klassiker der Verhandlungstechnik.* Frankfurt: Campus.

Frank, E. & Frey, D. (2002). Theoretische Modelle zu Kooperation, Kompetition und Verhandeln bei interpersonalen Konflikten. In D. Frey & M. Irle (Hrsg.), *Theorien der Sozialpsychologie, Band 2: Gruppen-, Interaktions- und Lerntheorien* (2. Aufl., S. 120–155). Bern: Huber.

Gigerenzer, G. (2007). *Bauchentscheidungen – Die Intelligenz des Unbewussten und die Macht der Intuition.* München: Bertelsmann.

Gimpel, H. (2007). *Preferences in Negotiations: The Attachment Effect (Lecture Notes in Economics and Mathematical Systems).* Heidelberg: Springer.

Girbig, R. (2008). Etappe 2 – Steuerung der Personalentwicklung. In M.T. Meifert (Hrsg.), *Strategische Personalentwicklung – Ein Programm in acht Etappen* (S. 111–137). Heidelberg: Springer.

Görlich, Y. & Schuler, H. (2006). Personalentscheidungen, Nutzen und Fairness. In H. Schuler (Hrsg.), *Lehrbuch der Personalpsychologie* (2., überarb. u. erw. Aufl., S. 797–840). Göttingen: Hogrefe.

Greene, R. (2006). *The concise 33 strategies of war.* London: Profile Books.

Greenhalgh, L. (2001). *Managing strategic relationships.* New York, NY: Free Press.

Gulliver, P.H. (1979). *Disputes and Negotiations: A cross-cultural Perspective.* New York: Academic Press.

Hüffmeier, J. & Hertel, G. (2012). Erfolgreich verhandeln: Das integrative Phasenmodell der Verhandlungsführung. *Psychologische Rundschau, 63,* 145–159.

Jochmann, W. (2008). Status Quo der Personalentwicklung – Eine Bestandsaufnahme. In M.T. Meifert (Hrsg.), *Strategische Personalentwicklung – Ein Programm in acht Etappen* (S. 29–44). Heidelberg: Springer.

Judge, T.A., Erez, A. & Bono, J.E. (1998). The power of being positive: The relation between positive self-concept and job performance. *Human Performance, 11,* 167–187.

Kals, E. & Ittner, H. (2008). *Wirtschaftsmediation.* Göttingen: Hogrefe.

Kersting, M. & Püttner, I. (2006). Personalauswahl: Qualitätsstandards und rechtliche Aspekte. In H. Schuler (Hrsg.), *Lehrbuch der Personalpsychologie* (2., überarb. u. erw. Aufl., S. 841–861). Göttingen: Hogrefe.

Kilmann, R.H. & Thomas, K.W. (1977). Developing a forced-choice measure of conflict-handling behavior: The „MODE" instrument. *Educational and Psychological Measurement, 37,* 309–325.

Kirkpatrick, D.L. (1998). *Evaluating Training Programs.* San Francisco, CA: Berrettt-Koehler.

Kittel, F. (2006). *Test & Training – Verhandlungstechniken.* Freiburg: Haufe.

Knapp, P. & Novak, A. (2003). *Effizientes Verhandeln: Konstruktive Verhandlungstechniken in der täglichen Praxis.* Heidelberg: Sauer-Verlag.

Krumm, S., Mertin, I. & Dries, C. (2012). *Kompetenzmodelle.* Göttingen: Hogrefe.

Lewicki, R.J., Hiam, A. & Olander, K.W. (1998). *Verhandeln mit Strategie – Das große Handbuch der Verhandlungstechniken.* St. Gallen: Midas Management Verlag.

Lewicki, R.J., Saunders, D.M. & Barry, B. (2006). *Negotiation* (5th ed.). New York, NY: McGraw-Hill.

Luft, J. & Ingham, H. (1955). *The Johari window, a graphic model of interpersonal awareness. Proceedings of the western training laboratory in group development.* Los Angeles, CA: University of California.

Matz, D. (2004). How much do we know about real negotiations? Problems in constructing case studies. *International Negotiation, 9,* 359–374.

Meifert, M.T. (2008a). Etappe 7 – Retentionmanagement. In M.T. Meifert (Hrsg.), *Strategische Personalentwicklung – Ein Programm in acht Etappen* (S. 266–288). Heidelberg: Springer.

Meifert, M. T. (2008b). Prolog – Das Etappenkonzept im Überblick. In M. T. Meifert (Hrsg.), *Strategische Personalentwicklung – Ein Programm in acht Etappen* (S. 68–81). Heidelberg: Springer.
Menkel-Meadow, C. (2009). Chronicling the complexification of negotiation theory and practice. *Negotiation Journal, 25,* 415–429.
Morley, I. E. (2006). Negotiation and bargaining. In O. Hargie (Ed.), *The handbook of communication skills* (3rd ed., pp. 403–425). London: Routledge.
Mortensen, K. W. (2004). *Maximum influence: the 12 universal laws of power persuasion.* New York, NY: Amacom.
Nash, J. F. (1950). The bargaining problem. *Econometrica, 18,* 155–162.
Neuberger, O. (2002). *Führen und führen lassen: Ansätze, Ergebnisse und Kritik der Führungsforschung* (6. Aufl.). Stuttgart: UTB.
Paschen, M. & Dihsmaier, E. (2011). *Psychologie der Menschenführung – Wie Sie Führungsstärke und Autorität entwickeln.* Berlin: Springer.
Petty, R. E. & Cacioppo, J. T. (1986). *Communication and persuasion: Central and peripheral routes to attitude change.* New York, NY: Springer.
Phillips, J. F. (1993). Predicting negotiation skills. *Journal of Business and Psychology, 7,* 403–411.
Plous, S. (1993). *The psychology of judgment and decision making.* Philadelphia, PA: Temple University Press.
Pruitt, D. G. (1998). Social conflict. In D. T. Gilbert & S. T. Fiske (Eds.), *The handbook of social psychology* (pp. 470–503). Boston, MA: McGraw Hill.
Pruitt, D. G. & Carnevale, P. J. (2003). *Negotiation in social conflict* (2nd ed.). Maidenhead: Open University Press.
Pruitt, D. G. & Rubin, Z. J. (1986). *Social conflict: Escalation, stalemate, and settlement.* New York, NY: Random House.
Putnam, L. L., Wilson, S. R. & Turner, D. B. (1990). The evolution of policy arguments in teachers' negotiations. *Argumentation, 4,* 129–152.
Püttjer, C. & Schnierda, U. (2007). *Die heimlichen Spielregeln der Verhandlung – So trainieren Sie Ihre Überzeugungskraft.* Frankfurt: Campus & Verlagsgruppe Handelsblatt.
Reardon, K. K. (2004). *The skilled negotiator: Mastering the language of engagement.* San Francisco, CA: Jossey Bass.
Regnet, E. (2007). *Konflikt und Kooperation – Konflikthandhabung in Führungs- und Teamsituationen.* Göttingen: Hogrefe.
Rubinstein, A. (1982). Perfect equilibrium in a bargaining model. *Econometrica, 50,* 97–111.
S & F Personalpsychologie. (o. J.). *WIN-WIN: Potenzialerfassung der Verhandlungskompetenz.* Stuttgart: S & F Personalpsychologie Managementberatung GmbH.
Sackett, P. R. & Lievens, F. (2007). Personnel Selection. *Annual Review of Psychology, 16,* 1–32.
Sackmann, S. A. (2006). *Betriebsvergleich Unternehmenskultur – Welche kulturellen Faktoren beeinflussen den Unternehmenserfolg?* Unveröffentlichtes Manuskript, Universität der Bundeswehr München.
Salewski, W. (2010). *Die Kunst des Verhandelns.* New York, NY: John Wiley & Sons.
Saner, R. (2008). *Verhandlungstechnik – Strategie, Taktik, Motivation, Verhalten, Delegationsführung.* Bern: Haupt.
Sarges, W. (Hrsg.). (2013). *Management-Diagnostik* (4., vollst. überarb. u. erw. Aufl.). Göttingen: Hogrefe.
Sarges, W. & Wottawa, H. (Hrsg.). (2004). *Handbuch wirtschaftspsychologischer Testverfahren – Band I: Personalpsychologische Instrumente* (2., überarb. u. erw. Aufl.). Lengerich: Pabst Science Publishers.

Sarges, W., Wottawa, H. & Roos, C. (Hrsg.). (2010). *Handbuch wirtschaftspsychologischer Testverfahren – Band II: Organisationspsychologische Instrumente*. Lengerich: Pabst Science Publishers.
Schmidt, F.L. & Hunter, J.E. (1998). The validity and utility of selection methods in personnel psychology: Practical and theoretical of 85 years of research findings. *Psychological Bulletin, 124,* 262–274.
Schneider, C. & Müskens, W. (2004). CASA – Computer aided single assessment. In W. Sarges & H. Wottawa (Hrsg.), *Handbuch wirtschaftspsychologischer Testverfahren – Band I: Personalpsychologische Instrumente* (2., überarb. u. erw. Aufl., S. 217–223). Lengerich: Pabst Science Publishers.
Scholz, R.W. (2006). Mediation. In H.-W. Bierhoff & D. Frey (Hrsg.), *Handbuch der Sozialpsychologie und Kommunikationspsychologie* (S. 748–756). Göttingen: Hogrefe.
Schoop, U., Deller, J. & Frey, D. (2005). Verhandeln. In D. Frey, L. von Rosenstiel & C.G. Hoyos (Hrsg.), *Wirtschaftspsychologie* (S. 370–377). Weinheim: Beltz PVU.
Schranner, M. (2006). *Der Verhandlungsführer – Strategien und Taktiken, die zum Erfolg führen*. München: dtv.
Schuler, H. (2000). *Psychologische Personalauswahl: Einführung in die Berufseignungsdiagnostik* (3. Aufl.). Göttingen: Verlag für Angewandte Psychologie.
Schuler, H. (2004). Der Funktionskreis „Leistungsförderung" – eine Skizze. In H. Schuler (Hrsg.), *Beurteilung und Förderung beruflicher Leistung* (2., vollst. überarb. u. erw. Aufl., S. 305–322). Göttingen: Hogrefe.
Schuler, H. & Höft, S. (2006). Konstruktorientierte Verfahren der Personalauswahl. In H. Schuler (Hrsg.), *Lehrbuch der Personalpsychologie* (2., überarb. u. erw. Aufl., S. 101–144). Göttingen: Hogrefe.
Schulz von Thun, F. (2001). *Miteinander reden: Störungen und Klärungen* (Bd. 1). Hamburg: Rowohlt.
Schulz von Thun, F., Ruppel, J. & Stratmann, R. (2008). *Miteinander reden: Kommunikationspsychologie für Führungskräfte* (9. Aufl.). Hamburg: Rowohlt.
Schwarz, G. (2005). *Konfliktmanagement: Konflikte erkennen, analysieren, lösen* (7., erw. Aufl.). Wiesbaden: Gabler.
Simon, W. (2006). *Persönlichkeitsmodelle und Persönlichkeitstests – 15 Persönlichkeitsmodelle für Personalauswahl, Persönlichkeitsentwicklung, Training und Coaching*. Offenbach: Gabal.
Spieß, E. (2004). Kooperation und Konflikt. In H. Schuler (Hrsg.), *Enzyklopädie der Psychologie, Band 4: Organisationspsychologie – Gruppe und Organisation* (S. 193–250). Göttingen: Hogrefe.
Thiele, A. (2006). *Die Kunst zu überzeugen – Faire und unfaire Dialektik* (8. Aufl.). Heidelberg: Springer.
Thiele, A. (2007). *Argumentieren unter Stress – Wie man unfaire Angriffe erfolgreich abwehrt* (8. Aufl.). München: dtv.
Thomas, K.W. (1992). Conflict and negotiation processes in organizations. In M.D. Dunnette & L.M. Hough (Eds.), *Handbook of industrial and organizational psychology* (pp. 651–717). Palo Alto, CA: Consulting Psychologists Press.
Thompson, L.L. (2005). *The mind and heart of the negotiator*. Upper Saddle River, NJ: Pearson Prentice Hall.
Traut-Matthausch & Frey, D. (2006). Kommunikationsmodelle. In H.-W. Bierhoff & D. Frey (Hrsg.), *Handbuch der Sozialpsychologie und Kommunikationspsychologie* (S. 535–544). Göttingen: Hogrefe.
Tries, J. & Reinhard, R. (2008). *Konflikt- und Verhandlungsmanagement – Konflikte konstruktiv nutzen*. Heidelberg: Springer.

Ury, W.L. (1991). *Getting Past No – Negotiating with difficult people.* London: Random House.

Van de Vliert, E. & Janssen, O. (2001). Description, explanation, and prescription of intragroup conflict behaviors. In M.E. Turner (Ed.), *Groups at work: Theory and research* (pp. 267–297). Mahwah, NJ: Erlbaum.

Voeth, M. & Herbst, U. (2009). *Verhandlungsmanagement – Planung, Steuerung und Analyse.* Stuttgart: Schäffer-Poeschel.

Walton, R.E. & McKersie, R.B. (1965). *A behavioral theory of labor negotiations: An analysis of a social interaction system.* New York, NY: McGraw-Hill.

Watzlawick, P., Beavin, J.H. & Jackson, D.D. (2000). *Menschliche Kommunikation* (10. Aufl.). Bern: Huber.

Weh, S. & Meifert, M.T. (2008). Etappe 8 – Kulturmanagement. In M.T. Meifert (Hrsg.), *Strategische Personalentwicklung – Ein Programm in acht Etappen* (S. 290–304). Heidelberg: Springer.

Wenninger, G. (Hrsg.). (2002). *Lexikon der Psychologie in fünf Bänden.* Heidelberg: Spektrum.

Whetzel, D.L. & Wheaton, G.R. (2007). *Applied measurement – Industrial psychology in human resources management.* Mahwah, NJ: Erlbaum.

Wittmann, W.W. (2009). Die ökonomische Bedeutung psychologischer Interventionen und warum wir sie alle unterschätzen. *Psychologische Rundschau, 60,* 252–253.

Zartman, I.W. (1977). Negotiation as a joint decision-making process. In I.W. Zartman (Ed.), *The negotiation process: theories and applications* (pp. 67–86). Beverly Hills, CA: Sage.

Zartman, I.W. (2002). What I want to know about negotiations. *International Negotiation, 7,* 5–15.

Zartman, I.W. & Berman, M. (1982). *The practical negotiator.* New Haven: Yale University Press.

Checkliste zur Verhandlungsdurchführung

Einstieg

- Wie stelle ich eine freundliche Atmosphäre her?
- Welcher Smalltalk ist sinnvoll?
- Wie lernen wir uns kennen?
- Wie soll die Verhandlung/das Gespräch ablaufen? Wie wollen wir zu einer Einigung kommen?
- Wie setze ich den Rahmen hinsichtlich Verhandlungsgegenständen und Positionen?
- Wie grenze ich das Verhandlungsgebiet sinnvoll ein?
- Wie signalisiere ich Vertrauen und baue es meinerseits auf?

Dialog

- Wie trage ich mein Eröffnungsangebot oder meine Forderungen vor?
- Wie positioniere ich mich?
- Welche Argumente habe ich?
- Welche Fakten muss ich klären? Welche Informationen muss ich sammeln?
- Wie überwinde ich Widerstand? Wie gehe ich mit Einwänden um?

Lösung

- Welche Interessen teilen wir?
- Welche Wünsche haben ich und der andere?
- Wie können wir die Unterschiedlichkeit überwinden?
- Welche Attribute von Verhandlungsgegenständen können wir verändern?
- Welche Sichtweisen sind zu verändern?
- Was ist zu ergänzen, um zu einer Lösung zu kommen?
- Welche Ziele oder Rahmenbedingungen gilt es, neu zu betrachten?
- Wer verhandelt weiter? Ist ein Austausch der Verhandlungspartner zielführend?

Abschluss

- Welche Vereinbarung treffen wir?
- Was sind die sich ergebenden sachlichen Pflichten und etwaige Zugeständnisse für beide Parteien?
- Welche Lösung vereinbaren wir? Was ist das Verhandlungsergebnis?
- Soll die Verhandlung ohne Einigung abgebrochen werden?
- Welche emotionalen Aspekte sind beiden Parteien bei der Einigung wichtig?

Die wirkungsvolle Einwandbehandlung und Formulierungsbeispiele

Prozess	Zweck und Wirkung	Formulierungsbeispiele
Einwand		
Bestätigen (der Motive)	Bestätigen durch aktives Zuhören; Signalisieren echten Interesses und Verständnisses; Ja-Reaktion auslösen; Öffnen für Gegenargument; emotionale Wertschätzung; Absichern des Motivs; ggf. nachfragen und Interessen erfassen; Trennen von Position und Interesse; Vermeiden von Schlagabtausch	„Aus Ihrer Sicht ist demnach wichtig, dass …“ „Ich habe verstanden, dass …“ „Wir sollten uns also konzentrieren auf …“ „An dieser Stelle sehen Sie einen Konflikt …“ „Jetzt komme ich auch noch daher und will etwas von Ihnen …“
(kurze Pause)	Zeit gewinnen (zum Nachdenken); Glaubwürdigkeit für ernsthafte Beschäftigung mit dem Einwand und dem Bedürfnis	„./.“ / „Hm.“ „Erlauben Sie mir eine Bemerkung.“ „Hier sprechen Sie einen sehr wichtigen Aspekt an.“
Argument	Auflösen des Widerspruchs durch ein (zutreffendes) Argument; *ein* Argument genügt; Entkräften des Einwands; sachliche Gegenargumentation; Differenzieren verschiedener Kriterien; Aufzeigen von Gemeinsamkeiten und Unterschieden; Klärung und Klartext; Konsequenz	„Genau das will ich auch.“ „Fakt ist, dass …“ „Dem kann ich zustimmen, wenn wir im Gegenzug vereinbaren, dass …“ „Ich möchte dazu ergänzen, dass …“ „Daher bin ich der Meinung, dass …“ „Ziel sollte sein, dass …“ „Untersuchungen zeigen, dass …“
Frage/Pause	Beobachten der Reaktion; Prüfen, ob Einwandbehandlung erfolgreich war; Offenheit für neuen Einwand; Verzicht auf Attacke; Bereitschaft für neuen Lösungsvorschlag oder nächste Schritte	„./.“ / „Hm?“ „Was meinen Sie?“ „Oder?“ „Wollen wir das so machen?“ „Wollen Sie sich das mal überlegen?“ „Gibt es weitere Fragen?“
Reaktion		

(angelehnt, ergänzt und angewendet nach Thiele, 2006)

Checkliste zur Verhandlungsnachbereitung

Umsetzung

- Wie dokumentieren wir die Vereinbarung?
- Was bedeutet die Vereinbarung für mich und für den anderen?
- Was sind die nächsten Schritte?
- Was muss ich als Nächstes tun?
- Woran bemerkt der andere, dass ich aktiv bei der Umsetzung bin?
- Wie vermeide ich Unzufriedenheit beim anderen?
- Was tue ich, wenn der andere sich nicht an seinen Teil der Vereinbarung hält?

Pflege

- Was kann ich zur Pflege der Beziehung tun?
- Wann melde ich mich wieder bei meinem Verhandlungspartner?
- Wie reagiere ich, wenn sich mein Verhandlungspartner bei mir meldet?
- Welcher Rhythmus ist gut für die Beziehungspflege?
- Welche Informationen oder künftige Angebote könnten für den anderen interessant sein?
- Wie können wir gemeinsam über den Verhandlungsprozess reflektieren?

Reflexion

- Wie gut war meine Vorbereitung?
- Welche Einschätzungen über mich und den anderen waren zutreffend? Welche nicht?
- Wie gut war meine/unsere Durchführung?
- Welche Stärken habe ich?
- Welche Entwicklungsbereiche sehe ich?
- Was kann ich tun, um die Entwicklungsbereiche bis zum bzw. beim nächsten Mal zu bewältigen?
- Auf welchen Ebenen bedarf es einer Veränderung? Was hat sich im Sinne einer Best Practice bewährt?

Checkliste zur Verhandlungsvorbereitung

Eigene Position

- Was ist der Verhandlungsgegenstand?
- Wie lauten die konkreten Ziele?
- Welche Handlungsalternativen und Abbruchmöglichkeiten liegen vor?
- Welches Bild hat der andere von uns/mir?

Position der Gegenseite

- Was sind die Interessen und vermuteten Ziele der Gegenseite?
- Wie und worin unterscheiden sich die Ziele und Interessen der Gegenseite von denen meiner Partei?
- Welche Personen werden auf der Gegenseite verhandeln (Rolle, Entscheidungskompetenz, Einstellung, Team)?
- Welches Bild hat der andere von sich?

Verhandlungsteam

- Wie groß ist der Verhandlungsgegenstand? Wie viele Personen werden verhandeln?
- Wer übernimmt welche Rollen und Funktionen in der Verhandlung?
- Wie übergeben wir uns gegenseitig Redeanteile?

Verhandlungsplan

- Was ist mein Maximalziel? Was ist mein Minimalziel?
- Welche Themen werden strategisch wann besprochen?
- Wie lauten die Teilziele für die jeweiligen Treffen?
- Was ist der genaue Zeitplan und die Abfolge der Verhandlungen?
- Welche Strategie verfolge ich und welche Taktiken setze ich ein?

Verhandlungssituation

- Welchen Einfluss auf Ort, Raum und Zeit der Verhandlung habe ich?
- Welche Präferenzen haben die Verhandlungspartner diesbezüglich?
- Welche Sitzordnung bietet sich an (teamorientiert)?
- Welche Tageszeit ist sinnvoll für die Leistungsfähigkeit aller Beteiligten?
- An welchem Ort treffen wir uns?
- Welche Medien und Unterlagen sind notwendig?

Simulation

- Welche Argumente erwarte ich von der Gegenseite?
- Wie werde ich reagieren?
- Worauf ist besonders zu achten im Austausch von Argumenten?